国家林业和草原局普通高等教育"十四五"规划教材
高等院校园林与风景园林专业系列教材

风景园林工程项目管理

Management of Landscape Engineering Project

舒美英 ◎ 主编

中国林业出版社
China Forestry Publishing House

内 容 简 介

本教材借鉴吸收近年来风景园林工程项目管理研究成果和实践经验，力求契合风景园林工程项目管理应用型人才培养的需求。主要内容包括：绪论，风景园林工程项目管理组织、前期决策、勘察设计管理、招投标管理、合同管理，风景园林工程施工组织设计，风景园林工程项目成本管理、进度管理、质量管理及竣工验收管理。

本教材适用于高等院校风景园林、园林、环境设计、人文地理与城乡规划等相关专业教学，也可供建设单位、设计单位、施工单位、监理单位、咨询单位、工程管理单位等从事相关专业的工作人员参考。

图书在版编目（CIP）数据

风景园林工程项目管理 / 舒美英主编. -- 北京：中国林业出版社, 2024.8. --（国家林业和草原局普通高等教育"十四五"规划教材）. -- ISBN 978-7-5219-2808-2

Ⅰ. TU986.3

中国国家版本馆CIP数据核字第2024CA8276号

策划编辑：田　娟　康红梅
责任编辑：田　娟
责任校对：梁翔云
封面设计：北京钧鼎文化传媒有限公司

出版发行：中国林业出版社
　　　　（100009，北京市西城区刘海胡同7号，电话 010-83223120, 83143634）
电子邮箱：cfphzbs@163.com
网　　址：https://www.cfph.net
印　　刷：北京中科印刷有限公司
版　　次：2024年8月第1版
印　　次：2024年8月第1次印刷
开　　本：889mm×1194mm　1/16
印　　张：8.25
字　　数：219千字
定　　价：58.00元

《风景园林工程项目管理》编写人员

主 编

舒美英

副主编

蔡建国　武欣慧

编写人员

（按姓氏拼音排序）

蔡建国（浙江农林大学）

高　慧（山东农业大学）

李晓甜（海南大学）

林辰松（北京林业大学）

刘庆超（青岛农业大学）

区　智（西南林业大学）

舒美英（浙江农林大学暨阳学院）

汪　洋（河北科技师范学院）

武欣慧（内蒙古农业大学）

徐庭亮（青海大学）

主 审

黄　凯（北京农学院）

李　良（西南大学）

金松恒（浙江农林大学暨阳学院）

前　言

　　大自然是人类赖以生存发展的基本条件，践行尊重自然、顺应自然、保护自然的生态文明理念，既是新时代党和国家对风景园林学科的新要求，也是实现人与自然和谐共生的有效途径。风景园林学科以协调人与自然的关系为根本使命，以保护生态资源和营造宜居的人居环境为基本任务与时代责任。风景园林工程项目管理是风景园林学科的重要组成部分，是风景园林、园林、环境设计等专业的核心课，为了更好地提升教学质量和培养高素质、高层次、创新应用型风景园林建设人才，迫切需要出版《风景园林工程项目管理》教材。

　　本教材以项目管理的基本理论和方法为基础，参考建造师执业资格的知识与能力要求，紧扣风景园林工程项目特点，根据《中华人民共和国招标投标法》《园林绿化工程施工招标示范文本》《园林绿化工程施工合同示范文本（试行）》等法律、规范与标准，系统介绍从事风景园林工程项目管理所要具备的基本知识和能力要求。全书共分为11章，主要内容包括绪论，风景园林工程项目管理组织、前期决策、勘察设计管理、招投标管理、合同管理，风景园林工程施工组织设计，风景园林工程项目成本管理、进度管理、质量管理及竣工验收管理。

　　本教材的主要特色如下：

　　（1）体系完整，理实融合。教材内容兼顾完整的框架体系和较强的实践应用性，以项目决策→勘察设计→招投标→合同管理→施工组织设计→成本、进度、质量三大目标控制→竣工验收为编写主线，每章内容包含记忆型初级学习目标、理解型中级学习目标和应用型高级学习目标，突出理论知识与实践应用的"零距离"结合。

　　（2）编排体例，学思结合。教材按"思维导图→学习目标→任务导入→正文→思考题→推荐阅读书目→拓展阅读"的体例编排。为引导学习者有目标地进行课前自主性学习和理解，每章开篇均设有本章思维导图、学习目标和任务导入，每章正文内容后配有思考题、推荐阅读书目和拓展阅读。

　　（3）课程思政，有机融入。每章任务导入与拓展阅读模块融入课程思政元素，从"四个自信"、科学精神、工匠精神等方面激发学生工程报国的家国情怀和使命担当。

　　本教材由舒美英担任主编，蔡建国、武欣慧担任副主编。具体编写分工如下：第1章由舒美英编写；第2章由蔡建国编写；第3章由区智编写；第4章由林辰松编写；第5章由舒美英编写；第6章由武欣慧编写；第7章由刘庆超编写；第8章由高慧编写；第9章由蔡建国和李晓甜编写；第10章由武欣慧和汪洋编写；第11章由舒美英和徐庭亮编写；全书由蔡建国统稿，舒美英定稿。

前　言

　　在本教材编写过程中，参考了一些书籍与规范，绝大部分已在参考文献中列出，在此向相关的研究工作者表示衷心感谢！特别值得一提的是，中国林业出版社和浙江农林大学暨阳学院为本教材的顺利出版给予了大力支持与帮助，浙江农林大学蔡舒雨参与本教材图片绘制与文字校对等工作，在此也致以衷心的感谢！

　　限于编者水平与时间，书中在内容取舍、编写方面难免存在不妥之处，恳请读者提出批评与改进意见。

编　者

2024年3月

目 录

前 言

第1章 绪 论 … 1
1.1 工程项目管理概述 … 2
1.1.1 工程项目 … 2
1.1.2 工程项目管理 … 4
1.2 风景园林工程项目管理概述 … 4
1.2.1 风景园林工程项目 … 4
1.2.2 风景园林工程项目管理 … 5
1.2.3 风景园林工程项目基本建设程序 … 5
1.3 风景园林工程项目管理基本内容 … 7
1.3.1 风景园林工程项目设计管理 … 7
1.3.2 风景园林工程项目招投标管理 … 7
1.3.3 风景园林工程项目合同管理 … 8
1.3.4 风景园林工程项目施工管理 … 8
1.3.5 风景园林工程项目竣工验收管理 … 9
1.4 风景园林工程项目管理主体与任务 … 9
1.4.1 业主方项目管理 … 9
1.4.2 设计方项目管理 … 9
1.4.3 施工方项目管理 … 9
1.4.4 总承包方项目管理 … 10
思考题 … 10
推荐阅读书目 … 10
拓展阅读 … 10

第2章 风景园林工程项目管理组织 … 11
2.1 风景园林工程项目管理组织概述 … 12
2.1.1 风景园林工程项目管理组织机构设置 … 12
2.1.2 风景园林建设项目管理组织形式 … 12
2.1.3 风景园林施工项目管理组织形式 … 13
2.2 风景园林工程项目管理组织模式 … 15
2.2.1 设计–招标–建造模式 … 15
2.2.2 建设管理模式 … 15
2.2.3 设计–建造模式 … 15
2.2.4 设计–采购–建造模式 … 16
2.2.5 合伙模式 … 17
2.3 风景园林工程项目经理部 … 17
2.3.1 风景园林工程项目经理 … 17
2.3.2 风景园林工程项目经理部设立 … 18
2.3.3 风景园林工程项目经理部解体 … 19
思考题 … 20
推荐阅读书目 … 20
拓展阅读 … 20

第3章 风景园林工程项目前期决策 21

3.1 风景园林工程项目前期决策概述 22
- 3.1.1 风景园林工程项目前期决策概念与分类 22
- 3.1.2 风景园林工程项目前期决策原则 22
- 3.1.3 风景园林工程项目前期决策责任 22
- 3.1.4 风景园林工程项目前期决策程序 23

3.2 风景园林工程项目建议书 24
- 3.2.1 风景园林工程项目建议书内涵 24
- 3.2.2 风景园林工程项目建议书编制方法 24
- 3.2.3 风景园林工程项目建议书主要内容 24
- 3.2.4 风景园林工程项目建议书审查报批 25

3.3 风景园林工程项目可行性研究 25
- 3.3.1 风景园林工程项目可行性研究概念 25
- 3.3.2 风景园林工程项目可行性研究作用 25
- 3.3.3 风景园林工程项目可行性研究一般程序 26
- 3.3.4 风景园林工程项目可行性研究主要内容 26

思考题 30
推荐阅读书目 30
拓展阅读 30

第4章 风景园林工程项目勘察设计管理 31

4.1 风景园林工程项目勘察设计管理概述 32
- 4.1.1 基本概念 32
- 4.1.2 风景园林工程勘察设计基本依据 32
- 4.1.3 风景园林工程勘察设计单位资格审查 32

4.2 风景园林工程项目勘察管理 33
- 4.2.1 风景园林工程项目勘察内容 33
- 4.2.2 风景园林工程项目勘察步骤 33
- 4.2.3 风景园林工程项目勘察成果审查 34

4.3 风景园林工程项目设计管理 34
- 4.3.1 风景园林工程项目设计阶段与设计管理职责 34
- 4.3.2 风景园林工程项目方案设计管理 35
- 4.3.3 风景园林工程项目初步设计管理 36
- 4.3.4 风景园林工程项目施工图设计管理 38
- 4.3.5 风景园林工程项目设计收费管理 39

思考题 40
推荐阅读书目 40
拓展阅读 40

第5章 风景园林工程项目招投标管理 41

5.1 风景园林工程项目招投标管理概述 42
- 5.1.1 风景园林工程项目招投标概念 42
- 5.1.2 风景园林工程项目招投标作用 42
- 5.1.3 风景园林工程项目招标范围与标准 42

5.2 风景园林工程项目招标管理 43
- 5.2.1 风景园林工程项目招标条件与组织形式 43
- 5.2.2 风景园林工程项目招标方式 43
- 5.2.3 风景园林工程项目招标文件构成 44

5.3 风景园林工程项目投标管理 48
- 5.3.1 风景园林工程项目投标程序 48
- 5.3.2 风景园林工程项目投标策略 49
- 5.3.3 风景园林工程项目投标文件编制 52
- 5.3.4 投标的禁止性规定 54

思考题 55
推荐阅读书目 55
拓展阅读 55

第6章 风景园林工程项目合同管理 56

6.1 建设工程合同管理概述 57
- 6.1.1 建设工程合同概念 57
- 6.1.2 建设工程施工合同特点 57
- 6.1.3 建设工程施工合同类型 57
- 6.1.4 建设工程施工合同主要内容 58

6.1.5 建设工程施工合同文件组成和解释顺序 ………… 59
6.2 风景园林工程施工合同订立与履行 … 59
　　6.2.1 风景园林工程施工合同订立 … 59
　　6.2.2 风景园林工程施工合同履行 … 61
6.3 风景园林工程施工合同变更 ………… 62
　　6.3.1 风景园林工程施工合同变更分类 … 62
　　6.3.2 风景园林工程施工合同变更程序 … 64
　　6.3.3 风景园林工程签证 ………… 64
6.4 风景园林工程施工合同索赔 ………… 65
　　6.4.1 风景园林工程施工合同索赔概念、分类和作用 …………… 65
　　6.4.2 风景园林工程施工合同索赔处理 … 66
　　6.4.3 风景园林工程施工合同索赔计算 … 67
思考题 ………………………………………… 68
推荐阅读书目 ………………………………… 68
拓展阅读 ……………………………………… 68

第7章　风景园林工程施工组织设计 …… 69
7.1 风景园林工程施工组织设计概述 …… 70
　　7.1.1 风景园林工程施工组织设计任务 … 70
　　7.1.2 风景园林工程施工组织设计分类 … 70
　　7.1.3 风景园林工程施工组织设计基本原则 ………………………… 70
　　7.1.4 风景园林工程施工组织设计实施 … 71
7.2 风景园林工程施工组织总设计 ……… 72
　　7.2.1 风景园林工程施工组织总设计编制依据 ………………………… 72
　　7.2.2 风景园林工程施工组织总设计编制内容 ………………………… 72
7.3 风景园林单位工程施工组织设计 …… 74
　　7.3.1 风景园林单位工程施工组织设计编制程序 ……………………… 74
　　7.3.2 风景园林单位工程施工组织设计编制依据 ……………………… 74
　　7.3.3 风景园林单位工程施工组织设计编制内容 ……………………… 74
思考题 ………………………………………… 76
推荐阅读书目 ………………………………… 76

拓展阅读 ……………………………………… 77

第8章　风景园林工程项目成本管理 …… 78
8.1 风景园林工程项目成本管理概述 …… 79
　　8.1.1 风景园林工程项目成本构成 … 79
　　8.1.2 风景园林工程项目成本管理措施 … 79
　　8.1.3 风景园林工程项目成本管理流程 … 80
8.2 风景园林工程项目成本预测 ………… 80
　　8.2.1 风景园林工程项目成本预测程序 … 80
　　8.2.2 风景园林工程项目成本预测方法 … 81
8.3 风景园林工程项目成本计划 ………… 81
　　8.3.1 风景园林工程项目成本计划内容 … 81
　　8.3.2 风景园林工程项目成本计划编制程序 ………………………… 82
　　8.3.3 风景园林工程项目成本计划编制方法 ………………………… 82
8.4 风景园林工程项目成本控制 ………… 83
　　8.4.1 风景园林工程项目成本控制内容 … 83
　　8.4.2 风景园林工程项目成本控制方法 … 83
8.5 风景园林工程项目成本核算 ………… 85
　　8.5.1 风景园林工程项目成本核算内容 … 85
　　8.5.2 风景园林工程项目成本核算方法 … 85
8.6 风景园林工程项目成本分析 ………… 86
　　8.6.1 风景园林工程项目成本分析内容 … 86
　　8.6.2 风景园林工程项目成本分析方法 … 86
8.7 风景园林工程项目成本考核 ………… 87
　　8.7.1 风景园林工程项目成本考核流程 … 88
　　8.7.2 风景园林工程项目成本考核内容 … 88
思考题 ………………………………………… 88
推荐阅读书目 ………………………………… 88
拓展阅读 ……………………………………… 89

第9章　风景园林工程项目进度管理 …… 90
9.1 风景园林工程项目进度管理概述 …… 91
　　9.1.1 基本概念 …………………… 91
　　9.1.2 风景园林工程项目进度计划 … 92
9.2 风景园林工程项目进度计划编制方法 … 94
　　9.2.1 横道图 ……………………… 94
　　9.2.2 网络计划技术 ……………… 94

目 录

9.3 风景园林工程项目进度控制 …… 99
 9.3.1 风景园林工程项目进度控制原理 … 99
 9.3.2 影响风景园林工程项目进度的因素 …… 100
 9.3.3 风景园林工程项目进度控制措施 … 100
思考题 …… 101
推荐阅读书目 …… 101
拓展阅读 …… 101

第 10 章 风景园林工程项目质量管理 …… 102
10.1 风景园林工程项目质量管理概述 …… 103
 10.1.1 基本概念 …… 103
 10.1.2 风景园林工程项目质量的特点 … 103
 10.1.3 风景园林工程项目质量的影响因素 …… 104
10.2 风景园林工程项目质量管理方法 …… 104
 10.2.1 PDCA 循环方法 …… 104
 10.2.2 排列图法 …… 105
 10.2.3 因果分析图法 …… 106
 10.2.4 直方图法 …… 107
 10.2.5 控制图法 …… 109
 10.2.6 相关图法 …… 111
 10.2.7 分层法 …… 112
 10.2.8 统计调查表法 …… 112
思考题 …… 112
推荐阅读书目 …… 112
拓展阅读 …… 112

第 11 章 风景园林工程项目竣工验收管理 … 114
11.1 风景园林工程项目竣工验收概述 …… 115
 11.1.1 风景园林工程项目竣工验收概念 …… 115
 11.1.2 风景园林工程项目竣工验收意义 …… 115
 11.1.3 风景园林工程项目竣工验收依据 …… 115
 11.1.4 风景园林工程项目竣工验收程序 …… 115
11.2 风景园林工程项目竣工结算与决算 …… 117
 11.2.1 风景园林工程项目竣工结算 …… 117
 11.2.2 风景园林工程项目竣工决算 …… 118
11.3 风景园林工程项目竣工后管理 …… 119
 11.3.1 风景园林工程质量保修 …… 119
 11.3.2 风景园林工程回访 …… 120
思考题 …… 120
推荐阅读书目 …… 120
拓展阅读 …… 120

参考文献 …… 121

第1章 绪论

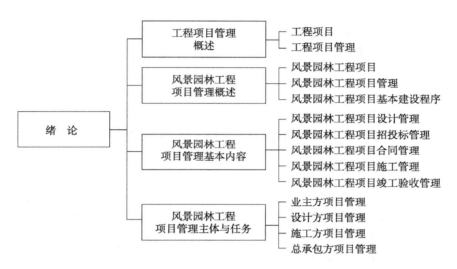

学习目标

初级目标：熟悉项目、工程项目、工程项目管理、风景园林工程项目、风景园林工程项目管理的概念等知识性内容。

中级目标：辨析项目类别属性，掌握风景园林工程项目建设程序，理解风景园林工程项目五大管理的基本内容，掌握各参与方项目管理目标与任务。

高级目标：分析风景园林工程项目各阶段项目管理的参与主体与任务。

任务导入

《梦溪笔谈》记载："祥符中，禁火。时丁晋公主营复宫室，患取远土，公乃令凿通衢取土，不日皆成巨堑。乃决汴水入堑中，引诸道竹木排筏及船运杂材，尽自堑中入至宫门。事毕，却以斥弃瓦砾灰壤实于堑中，复为街衢。一举而三役济，计省费以亿万计。"（孔庆东，2018）历史上将这个故事称作"丁渭造宫"，并赞道"一举而三役济"（吴晓微 等，2014）。显然，这是历史上罕见的一次伟大的工程项目管理实践。

请思考：该项目的类别属性，以及丁渭扮演的项目管理主体角色。

1.1 工程项目管理概述

1.1.1 工程项目

1.1.1.1 项目概念

"项目"（project）一词被广泛地应用于社会经济和文化生活的各个领域。我国有着极其丰富的项目实践。例如，古代的都江堰水利工程、秦始皇陵兵马俑和北京故宫等工程（陈光宇，2020）。对于项目，目前还没有统一的定义，不同的机构、不同的行业对项目定义有不同的表达。总体来看，主要有以下几种典型定义。

①美国项目管理协会（Project Management Institute，PMI）对项目的定义为：项目是完成某项独特产品或服务以达到一个独特的目的所做的一次性努力。

②英国标准协会（British Standards Institution，BSI）对项目的定义为：具有明确的开始和结束点，由某个人或某个组织所从事的具有一次性特征的一系列协调活动，以实现所要求的进度、费用，以及各功能因素等特定目标。

③国际质量管理标准ISO 10006将项目定义为：由一系列有开始和结束时间、相互协调的受控活动所组成的独特性过程，实施该过程是为了达到符合规定要求的目标，包括时间、费用和资源等约束条件。

④《中国项目管理知识体系》（Chinese-Project Management Body of Knowledge，C-PMBOK）2006修订版将项目定义为：项目是创造独特产品、服务或其他成果的一次性工作任务。

综上所述，项目包含三个方面的含义：第一，项目是一项有待完成的、临时性的、一次性的、有限的任务；第二，在特定的环境与要求下利用有限资源，在规定时间内完成独特的任务；第三，任务要满足一定时间、性能、质量、数量、技术指标等要求，满足成果性目标和约束性目标的既定要求（韩少男，2019）。

1.1.1.2 工程项目概念与特征

（1）工程项目的概念

工程项目是项目中数量最多的一类，凡是最终成果是"工程"的项目均可称为工程项目。工程项目属于投资项目中最重要的一类，是一种投资行为与建设行为相结合的投资项目。

对一个工程项目范围的认定标准是具有一个总体设计或初步设计。凡属于一个总体设计或初步设计的项目，不论是主体工程还是相应的附属配套工程，不论是由一个还是由几个施工单位施工，不论是同期建设还是分期建设，都视为一个工程项目（齐宝库，2022）。

（2）工程项目的特征

①一次性　是区别工程项目与运作的根本标志。工程项目的一次性使工程项目有一个明确的起点和终点，任务完成后，工程项目即结束。

②独特性　每个工程项目都是独特的。工程项目提供的成果有自身的特点；或者其提供的成果与其他项目类似，然而其时间和地点、内部和外部的环境、自然和社会条件有别于其他项目。

③目标确定性　工程项目有确定的目标，通常由约束性目标和成果性目标两类目标构成。成果性目标是工程项目的最终目标，它表现为提供某种规定的产品、服务或其他成果，如满足一定游憩需要的社区公园。约束性目标是实现成果性目标的客观条件和人为约束的统称，是工程项目实施过程中必须遵循的条件。

④整体性　工程项目是为实现特定的目标而展开的多项任务的集合。工程项目中的一切活动都是相互联系的，构成一个整体。

⑤生命周期性　项目的一次性决定了每个工程项目都会经历启动、开发、实施、结束的过程，人们通常称为工程项目的生命周期或寿命期。对于一个工程项目来说，一个完整的生命周期通常可以划分为决策阶段、实施阶段、使用阶段和拆除阶段。

⑥组织的临时性和开放性　项目团队在工程项目进展过程中，其人数、成员、职责都在不断

变化，项目组织是临时性的，又是开放性的，根据工程项目的任务，可以通过合同、协议等方式向外部组织开放，使这些组织也成为整个项目组织的一部分。

⑦复杂性　现代工程项目的复杂性不仅表现投资大、规模大、科技含量高、工期长、多专业综合、参建单位多等方面，而且表现为现代社会对可持续发展的要求，即绿色施工要求。

1.1.1.3　工程项目分类

(1) 按建设性质划分

按建设性质划分，可分为新建、扩建、改建、迁建和恢复项目（张建平　等，2021）。

①新建项目　是指根据国民经济和社会发展的近、远期规划，按照规定的程序立项，从无到有的建设项目。

②扩建项目　是指在原有场地内或其他地点，为扩大项目的生产服务能力而增建的项目。

③改建项目　是指为了改变原有设施的使用方向或使用效果，而对原有工程设施进行改造的项目。

④迁建项目　是指因生产经营和事业发展的要求，按照国家调整生产力布局的经济发展战略的需要或出于对环境保护等其他特殊要求的考虑，搬迁到异地而建设的项目。

⑤恢复项目　是指因在自然灾害或战争中使原有固定资产全部或部分报废，需要进行投资重建来恢复生产能力和业务工作条件、生活福利设施等的建设项目。

(2) 按建设规模划分

为适应对工程建设项目分级管理的需要，国家规定基本建设项目分为大型、中型、小型三类；更新改造项目分为限额以上和限额以下两类。

(3) 按投资作用划分

按投资作用划分，可分为生产性建设项目和非生产性建设项目。

①生产性建设项目　是指直接用于物质资料生产或直接为物质资料生产服务的工程建设项目。

②非生产性建设项目　是指用于满足人民物质和文化、福利需要的建设项目和非物质资料生产部门的建设项目。

(4) 按投资效益划分

按投资效益划分可分为竞争性项目、基础性项目和公益性项目。

①竞争性项目　是指投资效益比较高、竞争性比较强的一般性建设项目。

②基础性项目　是指具有自然垄断性、建设周期长、投资额大而收益低的基础设施和需要政府重点扶持的部分基础工业项目，以及直接增强国力的符合经济规模的支柱产业项目。

③公益性项目　是指为社会发展服务，难以产生直接经济回报的项目。如科学技术、文化教育、医疗保健、环境保护、体育等公用公益性事业，政府机关、社会团体等办公设施，国防建设等。

(5) 按投资来源划分

按投资来源划分可分为政府投资项目和非政府投资项目。

1.1.1.4　工程项目组成

工程项目可以分为单项工程、单位工程、分部工程和分项工程。

(1) 单项工程

单项工程是指在一个工程项目中，具有独立的设计文件，竣工后可以独立发挥生产作用或产生效益的一组配套齐全的工程项目。

(2) 单位工程

单位工程是指具有独立的设计文件，具备独立施工条件并能形成独立使用功能，但竣工后不能独立发挥生产作用或产生效益的工程，是构成单项工程的组成部分。

(3) 分部工程

分部工程是单位工程的组成部分，按照结构部位、施工特点或施工任务，可将单位工程划分为若干分部工程。

(4) 分项工程

分项工程是分部工程的组成部分，一般按主要工程、材料、施工工艺、设备类别等进行划分。

1.1.2 工程项目管理

1.1.2.1 工程项目管理概念

《建设工程项目管理规范》（GB/T 50326—2017）对工程项目管理的定义是：运用系统的理论和方法，对建设工程项目进行的计划、组织、指挥、协调和控制等专业化活动，简称项目管理。

一个建设工程项目往往由建设单位、施工单位、设计单位、监理单位、供货单位等诸多参与单位承担不同的建设任务和管理任务，各参与单位的工作性质、工作任务和利益诉求不尽相同，因此形成了代表不同利益方的项目管理。建设单位的核心地位使其成为整个工程项目管理的核心，其他参与方的项目管理必须满足建设单位的要求。

1.1.2.2 工程项目管理特点

（1）工程项目管理的复杂性

工程项目管理的复杂性体现在工程项目管理对象的复杂性、工程项目管理主体的复杂性和工程项目管理过程的复杂性。

（2）工程项目管理目标的明确性

任何工程项目在开展项目管理之前都要明确其目标。工程项目管理目标与参与工程项目的各管理主体所追求的目标，必然存在一定的差异，建设单位要通过工程项目管理，将各方面的目标关联起来，从而使工程项目按计划目标建设完成。

（3）工程项目管理责任的明确性

在工程项目策划、计划实施的过程中，除了建设单位外，其他参与主体都是通过签订合同来明确责任和任务，明确相互的权利和义务，通过责任落实来保证项目计划和目标的落实。

（4）工程项目管理的系统性

工程项目管理是以系统论作为理论基础，从系统的整体出发，研究工程项目系统内部各子系统之间、各要素之间的关系，以及与外部系统和环境之间的关系。有效地组织与协调系统内部与外部的各种关系，使整个工程项目管理形成一个协调高效的系统，从而确保工程项目管理目标的实现。

1.2 风景园林工程项目管理概述

1.2.1 风景园林工程项目

1.2.1.1 风景园林工程项目的概念

风景园林工程项目是通过一定的投资，经过决策和实施的一系列程序，在一定的约束条件下，以建成功能性风景园林绿地为目标的一次性任务，如一个风景名胜区、一座城市公园等（雷凌华，2018）。它具有完整的结构系统、明确的使用功能、严格的工程质量标准、确定的工程数量、限定的投资数额、规定的建设工期等基本要素。

风景园林工程项目是为完成依法立项的各类新建、扩建、改建风景园林绿地而进行的，有起止日期的、达到规定要求的一系列相互关联的受控活动组成的特定过程，包括决策立项、勘察设计、招投标、施工、竣工验收和考核评价等（雷凌华，2018）。

1.2.1.2 风景园林工程项目的特点

（1）唯一性

每个风景园林工程项目创造的是特定的风景园林产品或提供特定的风景园林服务，并因其建设时间、地点、条件、服务功能等而异。

（2）一次性

每个风景园林工程项目都有其明确的时间起点与终点，经过一系列相互关联的实施活动之后完成项目任务，风景园林工程项目将达到其终点，交付给业主运行使用。

（3）目标确定性

每个风景园林工程项目都有明确的建设目标，既有成果性目标，也有约束性目标；既有宏观目标，也有微观目标。

（4）固定性

风景园林工程项目都含有一定的绿化工程、园建工程、安装工程，都必须固定在一定的地点，都必须受项目所在地的资源、气候、地质等条件制约，受当地政府及社会文化的干预和影响。

（5）不确定性

要建成一个风景园林工程项目少则几个月，多则可达几年，有的甚至更长，而且建设过程涉及面广，所以各种情况的变化带来的不确定因素较多。

（6）不可逆转性

风景园林工程项目实施完成后，很难推倒重来，否则会造成较大的经济损失与环境破坏。

（7）露天性

风景园林工程项目的实施大多在露天环境下进行，这一过程受自然条件影响大，作业条件比较艰苦。

1.2.2 风景园林工程项目管理

1.2.2.1 风景园林工程项目管理的概念

风景园林工程项目管理是针对风景园林工程而言的，即在一定约束条件下，以风景园林工程为对象，以最优实现风景园林工程项目目标为目的，以风景园林工程项目经理负责制为基础，以风景园林工程承包合同为纽带，对风景园林工程项目进行高效率的计划、组织、协调、控制和监督的系统管理活动。

风景园林工程项目管理是自项目开始至项目完成，通过项目策划和项目控制，以使项目的费用目标、进度目标和质量目标得以实现。"自项目开始至项目完成"是指项目的实施期；"项目策划"是指目标控制前的一系列筹划和准备工作；"费用目标"对业主而言是投资目标，对施工方而言则是成本目标。项目决策期管理工作的主要任务是确定项目的定义，而项目实施期管理的主要任务是通过管理使项目的目标得以实现。

1.2.2.2 风景园林工程项目管理的特点

（1）管理程序和步骤特定

风景园林工程项目的唯一性、一次性决定了每个项目都有其特定的目标，而风景园林工程项目管理的内容和方法要根据风景园林工程项目目标而定，风景园林工程项目目标的不同决定了每个项目都有自己的管理程序和步骤。

（2）以项目经理部为中心

风景园林工程项目具有较大的责任和较高的风险，其管理涉及人力、技术、设备、材料、资金等多方面因素，为了更好地进行计划、组织、指挥、协调和控制，必须采取以项目经理部为中心的管理模式。

（3）应用现代管理方法和技术手段

风景园林工程是一项涉及多学科的系统工程，要使风景园林工程项目圆满地完成，就必须综合运用现代化管理方法和科学技术，如决策技术、网络计划技术、价值工程等。

（4）实施动态控制

为了保证风景园林工程项目目标的实现，在项目实施过程中采用动态控制的方法，阶段性地检查实际完成值与计划目标值的差异，以便需要时采取措施纠正偏差，制定新的计划目标值，使风景园林工程项目的实施结果逐步向最终目标逼近。

1.2.3 风景园林工程项目基本建设程序

基本建设程序是指风景园林工程项目从构思选择直至交付使用全过程中，各项工作必须严格遵循的先后次序，其顺序不能颠倒，但是可以进行合理交叉。基本建设程序是风景园林工程项目的技术经济规律的反映，也是风景园林工程项目科学决策和顺利进行的重要保证。

按照我国现行规定，建设工程项目的基本建设程序可以分为项目建议书、可行性研究、设计、建设准备、建设实施、竣工验收与交付使用六个阶段，风景园林工程项目的基本建设程序也是如此，具体内容如图1-1所示。

1.2.3.1 项目建议书阶段

项目建议书是建设单位提出要求建设某一具体风景园林工程项目的建议文件，是基本建设程序中的最初阶段，是投资决策前对拟建项目的轮廓设想。项目建议书的主要作用是推荐一个拟建设项目所做的初步说明，论述其建设的必要性、

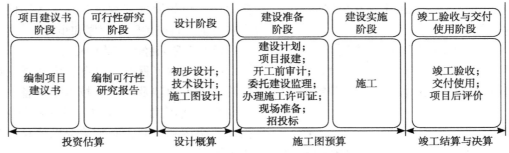

图1-1 风景园林工程项目基本建设程序

技术的可行性和获得的可能性，以及建设的目的、要求、计划等内容，写成报告，建议批准，供基本建设管理部门选择并确定是否进行下一步工作。

项目建议书需要进行投资估算的编制。

1.2.3.2 可行性研究阶段

可行性研究是指从技术和经济两个方面对风景园林工程项目的建设方案进行研究、分析、论证，并对其投产后的效果进行预测，从而判断项目在技术上是否可行、经济上是否合理所进行的综合评价。它的主要任务是通过既定范围内多方案的比较，提出评价意见，推荐最佳方案，为项目的投资决策提供依据，以便更合理地利用资源。一般风景园林工程项目的可行性研究报告内容主要包括风景园林工程项目背景、项目选址和建设条件、项目规划设计、项目环境影响评价、项目建设与管理、项目投资估算和资金筹措、项目社会效益和经济效益评价。

可行性研究报告需要进一步细化投资估算的编制。

1.2.3.3 设计阶段

可行性研究报告获批后，建设单位可委托勘察单位、设计单位，按可行性研究报告中的有关要求编制勘察文件、设计文件。一般风景园林工程项目的设计分两阶段进行，即初步设计和施工图设计。技术上比较复杂而又缺乏设计经验的项目，在初步设计完成后、施工图设计之前需进行技术设计。

在设计阶段需要进行设计概算的编制。

1.2.3.4 建设准备阶段

风景园林工程项目建设准备阶段主要包括建设计划、项目报建、开工前审计、委托建设监理、办理施工许可证、现场准备、招投标几个环节。

（1）建设计划

建设计划是指对风景园林工程项目建设和运营的实施方法、过程、预算投资、资金使用、建设进度、采购和供应、组织等进行详细的安排，以保证项目目标的实现。应根据批准的总概算和建设工期，合理地编制风景园林工程项目的建设计划和年度建设计划，计划内容要与投资、材料、设备相适应。

（2）项目报建

建设单位或其代理机构在风景园林工程项目可行性研究报告或其他立项文件批准后，须向建设行政主管部门或其授权机构进行报建，交验工程建设项目立项的批准文件、批准的建设用地等其他有关文件。

（3）开工前审计

建设单位应当持经批准的项目建议书、可行性研究报告、项目规划批复、土地权属证明、项目设计及设计图审核、设计概算、施工图预算、年度建设资金计划等文件，向审计部门提出开工前审计申请。

（4）委托建设监理

建设单位应当根据国家有关规定，对必须委托监理的工程，委托具有相应资质的建设监理单位进行监理。

（5）办理施工许可证

建设单位必须在开工前向建设项目所在地县级以上地方人民政府建设行政主管部门或其授权的机构办理工程建设项目施工许可证手续。作为主体工程配套的绿化工程项目，主体工程已办理施工许可证的，配套绿化工程不再办理施工许可证。

（6）现场准备

为保证工程项目施工顺利进行，在开工建设之前要切实做好各项现场准备工作，其主要内容包括：征地、拆迁和场地清理；完成施工用水、电、道路和通信等的接通工作；组织工程招标，择优选定建设监理单位、施工承包单位及设备、材料供应商；组织施工图会审，准备好施工图。

（7）招投标

风景园林工程项目施工，除某些不适宜招标的特殊建设工程项目外，均需依法实行招标。施工招标可采用公开招标、邀请招标的方式。通过工程招标，从市场上选择一家合适的施工单位，并签订施工合同。

1.2.3.5　建设实施阶段

在项目实施阶段，建设单位应当指定施工现场的工程师，施工单位应当指定项目经理，并分别将工程师和项目经理的姓名及授权事项以书面形式通知对方，同时报工程所在地县级以上地方人民政府建设行政主管部门备案。

施工单位项目经理必须持有资质证书，并在资质许可的业务范围内履行项目经理职责。项目经理全面负责施工过程中的现场管理，并根据工程规模、技术复杂程度和施工现场的具体情况，建立施工现场管理责任制，并组织实施。

1.2.3.6　竣工验收与交付使用阶段

（1）竣工验收

竣工验收是全面考核建设工作，检查建成项目是否符合设计要求和工程质量标准的重要环节，对促进建设项目及时投入使用、发挥经济与社会效益、总结建设经验有重要作用。当工程项目按设计文件的规定内容全部施工完成之后，便可组织验收。

（2）交付使用

交付使用是指风景园林工程项目验收合格后，表明项目满足了设计要求和使用功能，向建设单位或使用方交付并投入使用，为社会和公众提供应有的工程项目服务。

1.3　风景园林工程项目管理基本内容

1.3.1　风景园林工程项目设计管理

设计阶段是影响风景园林工程项目质量、投资和进度的重要阶段。设计管理的总体目标是通过对设计程序的制度化实现设计工作的标准化和规范化；通过对设计过程的协调与控制推动设计进度；通过对设计成果的控制提高设计质量，控制总造价目标，为招标采购和施工提供依据。

设计单位的选定可以采取设计招标及设计方案竞赛等方式。设计招标的目的主要是进行优选，保证工程设计质量，降低设计费用，缩短设计周期。而设计方案竞赛的主要目的是获得理想的设计方案，同时也有助于选择理想的设计单位，从而为以后的工程设计打下良好的基础。当设计单位选定以后，建设单位和设计单位就设计费用及委托设计合同中的一些细节进行谈判、磋商，双方取得一致意见后，即可签订建设工程设计合同。

1.3.2　风景园林工程项目招投标管理

招投标是在市场经济条件下进行风景园林工程建设经济活动的一种竞争形式和交易方式，是引入竞争机制订立合同的一种法律形式。招投标管理是指招标人对风景园林工程建设交易业务，事先公布选择采购的条件和要求，招引他人承接，众多投标人作出愿意参加业务承接竞争的意思表示，招标人按照规定的程序和办法择优选定中标人的活动。

对于复杂的大型风景园林工程项目通常需要划分不同标段,由不同承包商承包。根据《中华人民共和国招标投标法实施条例》第二十四条规定,招标人对招标项目划分标段的,应当遵守招标投标法的有关规定,不得利用划分标段限制或者排斥潜在投标人。依法必须进行招标的项目的招标人不得利用划分标段化整为零,规避招标。

根据《工程建设项目施工招标投标办法》第二十七条规定,施工招标项目需要划分标段、确定工期的,招标人应当合理划分标段、确定工期,并在招标文件中载明。对工程技术上紧密相连、不可分割的单位工程不得分割标段。

1.3.3 风景园林工程项目合同管理

施工合同是指发包人与承包人就完成具体工程项目的园林绿化施工、设备安装与调试、工程保修等工作内容,确定双方权利和义务的协议。施工合同是建设工程合同的一种,它与其他建设工程合同一样是双务有偿合同,在订立时应遵循自愿、公平、诚实信用等原则。

施工合同是指承包人进行工程建设,发包人支付价款的合同,应当采用书面形式。书面形式是指合同书、信件、电报、电传、传真等可以有形地表现所载内容的形式。以电子数据交换、电子邮件等方式能够有形地表现所载内容,并可以随时调取查用的数据电文,视为书面形式。

施工合同的内容一般包括工程范围、建设工期、中间交工工程的开工和竣工时间、工程质量、工程造价、技术资料交付时间、材料和设备供应责任、拨款和结算、竣工验收、质量保修范围和缺陷责任期、相互协作等条款。

发包、承包双方应当按照约定全面履行自己的义务,应当遵循诚信原则,根据合同的性质、目的和交易习惯履行通知、协助、保密等义务。在履行合同过程中,应当避免浪费资源、污染环境和破坏生态。

1.3.4 风景园林工程项目施工管理

施工管理是风景园林工程项目管理的核心内容,主要包括成本管理、进度管理和质量管理。

1.3.4.1 成本管理

风景园林工程项目成本管理应从工程投标报价开始,直至项目竣工结算完成为止,贯穿项目实施的全过程。成本作为项目管理的一个关键性目标,包括责任成本目标和计划成本目标。它们的性质和作用不同,前者反映组织对施工成本目标的要求,后者是前者的具体化,把施工成本在组织管理层和项目经理部的运行有机连接。

根据成本运行规律,成本管理责任体系应包括组织管理层和项目经理部。组织管理层的成本管理除生产成本以外,还包括经营管理费用;项目经理部应对生产成本进行管理。组织管理层的成本管理贯穿项目投标、实施和结算过程,体现效益中心的管理职能;项目经理部则着眼于执行组织确定的施工成本管理目标,发挥现场生产成本控制中心的管理职能。

1.3.4.2 进度管理

进度管理是指为实现预定的进度目标而进行的计划、组织、指挥、协调和控制等活动。进度管理是一个动态的循环过程,其内容主要包括:根据限定的工期确定进度目标;编制施工进度计划;在进度计划实施过程中,及时检查实际施工进度,并与计划进度进行比较,分析实际进度与计划进度是否相符,若出现偏差,则分析产生的原因及对后续工作和工期的影响程度,并及时调整,直至工程竣工验收。

1.3.4.3 质量管理

工程项目质量是指现行的国家有关法律、法规、技术标准、设计文件及工程合同中对风景园林工程项目的安全、使用、经济、美观等特性的综合要求。工程项目一般是按照合同条件承包建设的,因此,风景园林工程项目质量是在"合同环境"下形成的。合同条件中对风景园林工程项目的功能、使用价值及设计、施工质量等的明确规定都要满足业主的需要,因而它们都是质量管理的内容。

1.3.5　风景园林工程项目竣工验收管理

竣工验收是指由建设单位组织勘察设计单位、施工单位、工程监理单位和建设行政主管部门等组成项目验收组织，以项目批准的设计任务书和设计文件，以及国家或有关部门颁发的施工验收规范和质量检验标准为依据，按照一定的程序和手续，在项目建成后，对工程项目的总体进行检验和认证、综合评价和鉴定的活动。

按照我国建设程序的规定，竣工验收是建设工程的最后阶段，是建设项目施工阶段和保修阶段的中间过程，是全面检验建设项目是否符合设计要求和工程质量检验标准的重要环节，是审查投资使用是否合理的重要环节，是投资成果转入生产或使用的标志。

1.4　风景园林工程项目管理主体与任务

1.4.1　业主方项目管理

1.4.1.1　业主方项目管理的目标

业主方，即建设单位。业主方的项目管理必须服务于建设单位的利益，其工程项目管理的目标主要包括投资目标、进度目标和质量目标。其中，投资目标是指工程项目总投资目标。进度目标是指项目投产或交付使用的目标，如城市公园建成可以投入使用。项目管理的质量目标既包括使用功能目标，也包括实体质量目标。在确定质量目标时，不仅要考虑满足建设单位本身对质量方面的要求，还必须符合相应的法律法规、技术规范和技术标准的规定。

1.4.1.2　业主方项目管理的任务

业主方的项目管理工作涉及工程项目的全过程。在工程项目决策阶段，建设单位通过可行性研究等工作，进行项目的科学决策。在工程项目的实施阶段，业主方项目管理的任务主要包括投资控制、进度控制、质量控制、合同管理、信息管理、职业健康安全与环境管理、组织和协调七个方面。

业主方项目管理既包括建设单位自己进行的项目管理工作，也包括建设单位委托其他单位进行的项目管理工作。建设单位通常会将具体的项目管理工作委托给一些咨询单位来进行。例如，工程监理单位接受委托进行工程监理，代建单位接受委托代表政府部门进行业主方项目管理等。

1.4.2　设计方项目管理

1.4.2.1　设计方项目管理的目标

设计方作为项目建设的重要参与方，其项目管理主要服务于项目的整体利益和设计方本身的利益。项目的整体利益主要体现在业主方的投资目标和质量目标的实现。

设计方既指设计总包单位，也包括设计分包单位。设计方项目管理的三大目标中，费用目标应当是与设计有关的投资目标和设计单位自己的成本目标；质量目标应当包括与项目功能和使用价值相关的质量目标，以及符合规范与标准的设计质量目标；进度目标是设计合同中所规定的时间目标。

1.4.2.2　设计方项目管理的任务

设计方的项目管理工作主要在设计阶段进行，但也涉及设计前的准备阶段、施工阶段及投入使用前准备阶段和保修期。其项目管理的任务主要包括以下七个方面：设计成本控制和与设计工作有关的投资（工程造价）控制、设计进度控制、设计质量控制、设计合同管理、设计信息管理、与设计工作有关的职业健康安全与环境管理、与设计工作有关的组织和协调。

1.4.3　施工方项目管理

1.4.3.1　施工方项目管理的目标

施工方作为项目建设的重要参与方，其项目管理主要服务于项目的整体利益和施工方本身的利益。其项目管理的三大目标中，施工方的责任就是按图施工，因此，质量目标就是保证工程实体质量达到承包合同中对工程质量的要求，且不得低于国家强制性标准的要求；进度目标就是保证合同工期目标的实现；费用目标就是施工成本目标，它是由施工方根据其生产和经营情况自行确定的。

如果项目采用工程施工总承包模式或工程施工总承包管理模式，则施工方可以是施工总承包单位、施工总承包管理单位或施工分包单位。

1.4.3.2 施工方项目管理的任务

施工方的项目管理工作主要在施工阶段进行，但也涉及施工前的准备阶段、施工阶段及投入使用前准备阶段和保修期。其项目管理的任务主要包括以下七个方面：施工成本控制、施工进度控制、施工质量控制、施工合同管理、施工信息管理、施工职业健康安全与环境管理、与施工有关的组织与协调。

1.4.4 总承包方项目管理

1.4.4.1 总承包方项目管理的目标

当工程项目采用工程总承包模式时，工程总承包合同中所包含的内容至少包括设计与施工。如果是EPC合同*，还应当包括所有的采购内容。工程总承包方作为项目建设的重要参与方，其项目管理主要服务于项目的整体利益和工程总承包方本身的利益。因为合同中包括设计，正如前面提到的设计方费用管理目标一样，工程总承包的费用目标既包括与设计有关的投资目标，也包括其自身的成本目标。工程总承包方的质量目标既包括功能和使用价值方面的目标，也包括工程实体质量的目标。工程项目的进度目标也就是项目投入使用的时间目标。

1.4.4.2 总承包方项目管理的任务

工程总承包方的项目管理工作涉及工程项目的整个实施阶段。其项目管理的任务主要包括以下七个方面：工程的总投资控制和工程总承包方的成本控制、进度控制、质量控制、合同管理、信息管理、职业健康安全与环境管理、组织和协调。

思考题

1.什么是工程项目？工程项目有哪些特征？如何对工程项目进行分类？
2.什么是风景园林工程项目管理？它有哪些特点？
3.风景园林工程项目的建设阶段是如何划分的？
4.风景园林工程项目管理有哪些基本内容？
5.风景园林工程项目的参与方包括哪些主体？其任务是什么？
6.结合工程案例试述风景园林工程项目各建设阶段的参与主体及其相应的任务。

推荐阅读书目

1.中国项目管理知识体系C-PMBOK（2006修订版）.中国（双法）项目管理研究委员会.电子工业出版社，2008.
2.工程项目管理.范成伟，周文昉，张海捷.东南大学出版社，2023.

拓展阅读

鲁布革项目管理

鲁布革水电站位于云南罗平和贵州兴义交界的黄泥河下游，整个工程由首部枢纽、引水系统和厂房枢纽三部分组成。其中，鲁布革水电站引水系统工程利用世界银行借款，按照国际咨询工程师联合会（Fédération Internationale Des Ingénieurs Conseils，FIDIC）组织推荐的程序进行国际竞争性招标，标底价为14 958万元，工期为1597天，8家企业进行了投标。在国际竞争性招标中，日本大成公司以比标底价低43%的标价中标（裘建娜 等，2020）。

鲁布革工程管理局承担项目业主代表和监理工程师的建设管理职能，对外资承包单位的监管按FIDIC编制的《土木工程施工合同条件》执行，管理局的总工程师执行总监职责。鲁布革工程管理局代表投资方对工程的投资计划、财务、质量、进度、设备采购等实行统一管理。

---

* EPC是engineering（设计）、procurement（采购）、construction（施工）的简称。EPC合同是一种设计、采购、施工总承包合同。

第2章 风景园林工程项目管理组织

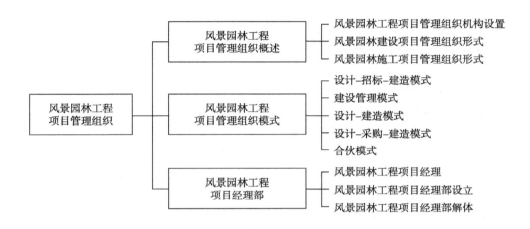

学习目标

初级目标：熟悉风景园林工程项目管理组织机构设置原则、项目经理责任与权利及聘任、项目经理部设立原则与程序、项目经理部的管理制度、项目经理部解体条件与解体程序等知识性内容。

中级目标：掌握风景园林工程建设项目管理与施工项目管理的组织形式，理解风景园林工程项目管理组织模式的含义与优缺点，分析合伙模式的特点，辨析项目经理与建造师的关系。

高级目标：综合评估风景园林工程项目管理组织模式的适用性。

任务导入

长城是中国也是世界上修建时间最长、工程量最大的一项古代防御工程。它的修建延续了2000多年，分布于中国北部和中部的广大土地上，总长度逾2.1万km，可谓是"上下两千多年，纵横十万余里"（徐永清，2021）。如此浩大的工程，不仅在中国，即使在世界上也是绝无仅有的。秦统一六国之后，秦始皇下令将原秦、赵、燕北部的长城连接起来，并加以扩展、修缮，令大将蒙恬和蒙毅负责建设。为了保证工程质量，蒙恬制定了一套严苛的管理机制。例如，将制砖任务分派给不同的工匠，当工匠拿出成品后，要对样品进行质量检测，各工匠用样品互敲，破损者会受到严厉处罚。在责任到人、追责到位的管理制度下，没有人敢掉以轻心，都力争把自己负责的工作做到最好。这种以政府或军队的领导负责大型工程项目管理的模式在我国持续了很长时间，使很多工程项目的建设获得了成功（胡鹏 等，2017）。

请思考：风景园林工程项目管理组织形式与模式有哪些？

2.1 风景园林工程项目管理组织概述

2.1.1 风景园林工程项目管理组织机构设置

设置风景园林工程项目管理的组织机构时，一般应包括确立目标、工作划分、确定机构及职责、确定人员及职权、检查与反馈以及未来的机构运行等环节，并遵循以下原则。

①目标性原则　根据风景园林工程项目的规模、特点及要求，明确工程项目管理的最终目标。

②精干高效原则　在履行必要职能的前提下，尽量简化机构、因事设岗、以责定权。

③管理跨度适中原则　即有效管理幅度原则。管理幅度是指一个主管能够直接有效地指挥下属的数目。

④分工协作原则　根据员工的素质及项目的特点，做到分工合理、协作明确。

⑤分层统一原则　建立一条连续的等级链，实现命令统一。

⑥责权利相结合原则　有职有责、责任明确、权利恰当、利益合理。

⑦相对稳定原则　既要注意机构的稳定，还需要根据项目内部、外部环境条件的变化，按照弹性、流动性的要求适时调整项目管理的组织机构。

⑧执行与监督分设原则　工程项目管理机构除接受企业的监督外，其内部的质量监督、安全监督等应与施工部门分开设置。

2.1.2 风景园林建设项目管理组织形式

建设单位在实施风景园林建设项目管理过程中，可采用的组织形式主要有以下五种（高洁，2021）。

2.1.2.1 建设单位自管形式

建设单位自己组建项目管理机构，负责建设资金的使用，办理前期手续，组织勘察设计、材料设备采购、工程施工的招标与管理，以及工程竣工验收等全部工作，有的建设单位还自行组织工程设计、施工等。其组织形式如图2-1所示。

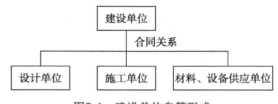

图2-1　建设单位自管形式

项目管理机构与建设单位是一套班子，可以统一领导。但组织管理机构往往是临时组建的，其管理人员并非专职从事项目管理的人员，从而导致经验不足，不利于实现项目管理的专业化、社会化。这种方式主要适用于小规模的工程项目。

2.1.2.2 工程指挥部形式

由政府主管部门、建设单位、设计主管部门、施工主管部门、物资主管部门、银行金融机构等方面派出代表组成工程指挥部负责项目管理。其组织形式如图2-2所示。

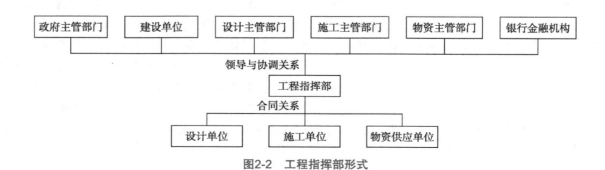

图2-2　工程指挥部形式

工程指挥部形式可以较好地发挥参与各方的积极作用，但其机构松散、缺乏层次、责任不清、信息渠道不畅。工程指挥部形式常用于重点工程或政府项目。

2.1.2.3 工程监理形式

建设单位与监理单位签订委托合同，由监理单位代表建设单位对项目建设实施管理。其组织形式如图2-3所示。

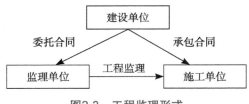

图2-3　工程监理形式

工程监理单位为独立的第三方，接受建设单位的委托，对工程项目实施监督、管理、协调、控制。工程监理形式实现了项目所有权与管理权的分离，建设单位只需对项目制定目标，提出要求，并负责最后的验收。但费用相对较高，参与人员须具备一定的相关知识和能力。

2.1.2.4 项目总承包形式

项目总承包是由建设单位将工程项目的勘察设计、设备采购和工程施工等全部建设活动委派给一家具有相应资质的总承包单位负责组织实施，工程竣工验收合格后建设单位可以直接使用。其组织形式如图2-4所示。

一般情况下，建设单位仅与总承包单位发生直接（合同）关系，双方职责明确，便于对工程项目实施有效的管理。

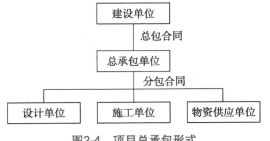

图2-4　项目总承包形式

2.1.2.5 全过程咨询形式

建设单位与全过程工程咨询单位通过合同的方式明确各方的权利和义务，并授权全过程工程咨询单位对工程项目建设进行全过程或分阶段的管理和服务活动。同时，全过程工程咨询单位根据建设单位委托的管理和服务的内容，承担与工程建设相关的管理工作，协调各承包商、供应商之间的合同关系、合同起草及编制、合同条款解释解决及合同争议与纠纷等。其组织形式如图2-5所示。

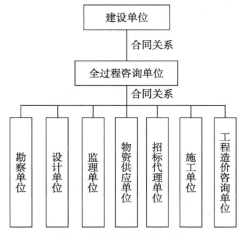

图2-5　全过程咨询形式

在此模式下，全过程工程咨询单位在具备专业、技术和经验积累的优势下，能对项目进行科学的管理，有利于做好"质量、工期、投资"三大控制；建设单位对全过程工程咨询单位的信任度很高，管理工作量小但其所承担的风险大。此模式一般适用于政府投资项目。

2.1.3　风景园林施工项目管理组织形式

风景园林施工项目管理组织形式是指在施工项目管理组织中处理管理层次、管理跨度、部门设置和上下级关系的组织结构类型，主要有工作队式、部门控制式、矩阵式、事业部式（鞠航 等，2022）。

2.1.3.1 工作队式项目管理组织形式

工作队式项目管理组织形式是由企业各职能

部门抽调人员组建项目经理部，在工程施工期间，项目组织成员由项目经理统一领导，企业各职能部门提供业务指导。项目竣工交付使用后，项目管理组织机构撤销，人员返回企业职能部门。适用于大规模工程、工期紧且多工种多部门相配合的项目。其组织形式如图2-6所示。

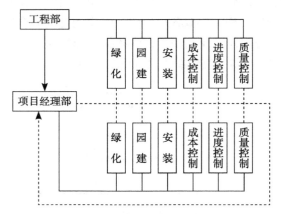

图2-6　工作队式项目管理组织形式

注：虚线框内为项目组织机构

2.1.3.2　部门控制式项目管理组织形式

部门控制式项目管理组织形式是指按职能原则建立一种委托性质的项目管理机构，将施工项目全面委托给企业内部某个部门或施工队（项目经理部），在本部门、本施工队中选择人员组合而成的管理组织。适用于小型、专业性强且独立性强的施工项目。其组织形式如图2-7所示。

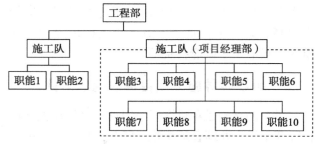

图2-7　部门控制式项目管理组织形式

注：虚线框内为项目组织机构

2.1.3.3　矩阵式项目管理组织形式

矩阵式项目管理组织形式是按照职能原则和项目原则结合起来的项目管理组织，既能发挥职能部门的纵向优势，又能发挥项目组织的横向优势，多个项目组织的横向系统与职能部门的纵向系统形成了矩阵结构。职能部门的负责人对项目组织中本单位人员负有组织调配、业务指导、业绩考核的责任。项目经理将参与本项目组织的人员横向上有效地组织在一起，为实现项目目标协同工作，并对参与本项目的人员有权控制和使用，必要时可对其进行调换或辞退。矩阵中的成员接受原单位负责人和项目经理的双重领导，可根据需要和可能为一个或多个项目服务，并可在项目之间调配，充分发挥专业人员的作用。其组织形式如图2-8所示。

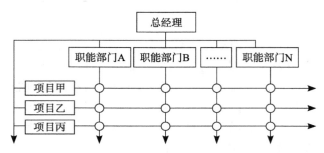

图2-8　矩阵式项目管理组织形式

2.1.3.4　事业部式项目管理组织形式

事业部式项目管理组织形式是企业下设相对独立的事业部。事业部可按地区设置，也可按工程类型设置，相对于企业而言，事业部是一个职能部门，但对外享有相对独立的经营权，可以是一个独立单位。其组织形式如图2-9所示。

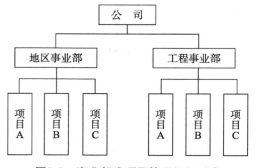

图2-9　事业部式项目管理组织形式

2.2 风景园林工程项目管理组织模式

风景园林工程项目主要涉及三方体系，即以业主方为主体的发包体系，以设计、施工、供货方为主体的承建体系，以工程咨询、评估、监理方等为主体的咨询体系。工程项目的复杂性决定了市场主体三方的不同组织系统构成不同的项目管理组织模式，主要有设计-招标-建造（design-bid-build，DBB）模式、建设管理（construction management，CM）模式、设计-建造（design-build，DB）模式、设计-采购-建造（EPC）模式和合伙（Partnering）模式等（庞业涛 等，2020）。

2.2.1 设计-招标-建造模式

2.2.1.1 DBB模式含义

设计-招标-建造模式，通常称为DBB模式。它是建设单位将设计和施工阶段分包，即建设单位在咨询工程师的协助下，与设计单位签订设计合同委托其完成设计任务，然后通过招标选择施工单位并签订施工合同委托其完成施工任务，施工单位可再与供应商和分包商签约。

2.2.1.2 DBB模式优缺点

（1）DBB模式优点

①参与项目的建设单位、设计单位和施工单位三方的权、责、利分配明确，避免相互间的干扰。

②该模式长期、广泛地在世界各地采用，因而管理方法成熟，合同各方都对管理程序和内容熟悉。

③建设单位可自由选择设计单位，可对设计要求进行控制。

（2）DBB模式缺点

①DBB模式的基本思想是按照线性顺序进行设计、招标、施工的管理，建设周期长，成本容易失控，建设单位管理的成本相对较高。

②由于施工单位无法参与设计工作，可能造成设计的可施工性差，设计变更频繁，导致设计单位与施工单位协调困难，设计单位和施工单位之间可能发生责任推诿，使业主利益受损。

③运作的项目周期长，建设单位管理成本较高，前期投入较大，工程变更时容易引发索赔。

2.2.2 建设管理模式

2.2.2.1 CM模式含义

建设管理模式，通常称为CM模式。它是由建设单位委托一家CM单位承担项目管理工作，该单位以承包商的身份进行施工管理，并在一定程度上影响工程设计活动，采用快速路径法进行施工，设计完成一部分就施工一部分，使工程项目实现有条件的"边设计、边施工"。

2.2.2.2 CM模式优缺点

（1）CM模式优点

①可以缩短工程从规划、设计到竣工的周期，因此，整个工程可以提前投产，节约投资，减少投资风险，较早地取得收益。

②CM单位或CM经理早期便会介入设计管理，所以设计师可以听取CM经理的建议，为了改进设计的可施工性，可以提前考虑施工因素并能运用价值工程改进设计，因此可以节省投资。

③可以每设计一部分，便竞争性招标一部分并及时施工，因此设计变更比较少。

（2）CM模式缺点

①对CM经理及其所在单位的资质和信誉要求都比较高。

②分项招标导致承包费可能较高。

③CM模式一般采用"成本加酬金"合同，对合同文本要求比较高。

2.2.3 设计-建造模式

2.2.3.1 DB模式含义

设计-建造模式，通常称为DB模式。它是指工程总承包企业按照合同约定承担工程项目设计和施工，并对承包工程的质量、安全、工期、造价全面负责。也就是说，DB模式是一个实体或者联合体以契约或者合同形式，对一个建设项目的设计和施工负责的工程运作方式。

2.2.3.2 DB模式优缺点

（1）DB模式优点

①DB模式将工程设计和施工一次性整体发包，既减少工程发包的次数，也可以形成单一的合同关系，有利于追究工程责任。

②承包商参与或统筹设计，有利于进行设计和施工的总体规划，更了解建设单位的需求，有利于实现工程项目的总体目标。

③设计和施工单位的提前介入，有利于改变设计和施工协调困难的现状，有利于施工新技术的引入，提升施工技术并提高设计的可施工性。

（2）DB模式缺点

①由于采用DB模式对企业的要求较高，倾向于有限竞争，投标的竞争性降低。

②不同设计方案和施工计划之间的比较难度增加，不利于建设单位判断DB承包商的设计和施工计划的可行性；建设单位将设计和施工总体发包，降低了业主对工程项目的控制性。

③设计单位和施工单位成为承包实体，设计单位要承担施工单位的施工过错责任，施工单位也要承担设计单位的设计过错责任。

④不易获得价格优惠的工程保险、工程担保等相关配套措施，且总承包市场相对较小，较难获得承包业务。

2.2.4 设计－采购－建造模式

2.2.4.1 EPC模式含义

设计-采购-建造模式，通常称为EPC模式。它是指工程总承包商受建设单位委托，按照合同约定对工程项目的勘察、设计、采购、施工、试运行（竣工验收）等实行全过程或若干阶段的承包，即根据合同要求，总承包商对工程的设计阶段、采购阶段、施工及试运行阶段全过程的工作进行承包，最终向建设单位提交一个满足使用功能、具备使用条件、达到竣工验收标准以及符合合同要求的工程项目，并对工程的进度、质量、费用和安全等全面负责。

在EPC模式下，通常是由总承包商完成工程的主体设计；允许总承包商把局部或细部设计分包出去，也允许总承包商把主体以外工程的施工全部分包出去。所有的设计、施工分包工作等都由总承包商对建设单位负责，设计、施工分包商不与建设单位直接签订合同。

2.2.4.2 EPC模式优缺点

（1）EPC模式优点

①建设单位管理相对简单　不需要建设单位具备工程项目实施阶段的管理能力和经验，可以使建设单位在工程项目实施阶段的工作大大简化。因为由单一总承包商负责，总承包商的工作具有连贯性，可以防止设计者与施工者之间的责任推诿，提高了工作效率，减少了协调工作量。

②可有效地将建造费用控制在项目预算以内　因为EPC模式已将设计纳入工程承包合同内，使得费用控制能够在保证满足生产、使用要求的前提下得以实现。

③可以有效地缩短建设周期　由于已将设计、采购两项消耗时间较多的工作纳入工程承包合同，建设单位可以要求总承包商通过其内部的管理和协调机制，实现项目建设周期较大幅度缩短。

④可以有效地减少建设单位的风险　在建设单位缺乏工程项目管理经验、对工程建设法规和建设市场情况不甚了解的情况下，选择EPC模式是避开这些风险的有效方法。

（2）EPC模式缺点

①建设单位不能很好地控制设计，使得项目的设计和质量往往屈服于成本。在与总承包商签订总承包合同之后，业主主要是在宏观上控制承包商的设计，但是具体的设计会屈服于成本，可能达不到业主期望的效果。

②总承包商的选择比较困难。因设计尚未进行，仅凭工程方案描述进行招标，具备相应能力

和业绩的总承包商比较少。

③难以确定合适的总承包价格。因为在此阶段并无可作为价格比较基础的、一致的设计方案，业主只能在技术方案的优劣和报价的高低之间作大致的平衡，无法作出准确的判断。

2.2.5 合伙模式

2.2.5.1 Partnering 模式含义

合伙模式，通常称为 Partnering 模式。它是 20 世纪 80 年代中期首先在美国发展起来的一种工程项目发承包模式，是工程参与方基于协议在相互信任、资源共享，以及充分考虑建设各方利益的基础上共同实现工程项目目标、共同分担工程风险的一种管理模式（裘建娜 等，2020）。

2.2.5.2 Partnering 模式特点

（1）出于自愿

Partnering 协议不仅是建设单位与承包商双方之间的协议，它需要工程项目建设参与各方共同签署，包括建设单位、总承包商或主承包商、主发的分包商、设计单位、咨询单位、主要的材料及设备供应单位等。参与 Partnering 模式的有关各方必须是完全自愿，而非出于任何原因的强迫。

（2）高层管理参与

Partnering 模式的实施需要突破传统的观念和组织界限，因而工程项目建设参与各方高层管理者的参与以及在高层管理者之间达成共识，对于该模式的顺利实施是非常重要的。Partnering 模式需要参与各方共同组成工作小组，分担风险、共享资源，因此，高层管理者的认同、支持和决策是关键。

（3）Partnering 协议不是法律意义上的合同

Partnering 协议与工程合同是两个完全不同的文件。在工程合同签订后，工程建设参与各方经过讨论协商才会签署 Partnering 协议。该协议并不改变参与各方在有关合同中规定的权利和义务。Partnering 协议主要用来确定参与各方在工程建设过程中的共同目标、任务分工和行为规范，是工作小组的纲领性文件。

（4）信息具有开放性

Partnering 模式强调资源共享，信息作为一种重要的资源，对于参与各方必须公开。同时，参与各方要保持及时、经常和开诚布公的沟通，在相互信任的基础上，要保证参与各方都能及时、便利地获取工程投资、进度、质量等方面的信息。

2.3 风景园林工程项目经理部

2.3.1 风景园林工程项目经理

项目经理是企业法定代表人在风景园林工程项目中的委托代理人。我国项目经理管理制度主要涉及的是施工项目经理。施工项目经理是工程项目施工承包单位的法定代表人在施工项目中的委托代理人，作为一种职业性岗位，项目经理应根据企业法定代表人通过项目管理目标责任书授权的范围、时间和内容，自开工准备至竣工验收，对施工项目实施全过程、全面管理。

2.3.1.1 风景园林工程项目经理的责任

①按项目管理目标责任书处理项目经理部与国家、企业、分包单位及职工之间的利益分配。

②代表企业实施施工项目管理，贯彻执行国家法律、法规、方针、政策和强制性标准，执行企业的管理制度，维护企业的合法权益。

③建立质量管理体系和安全管理体系并组织实施。

④组织编制项目管理实施规划。

⑤履行项目管理目标责任书规定的任务。

⑥在授权范围内负责与企业管理层、劳务作业层、各协作单位、建设单位和监理工程师等的协调，解决项目中出现的问题。

⑦对进入现场的生产要素进行优化配置和动态管理。

⑧进行现场文明施工管理，发现和处理突发事件。

⑨参与工程竣工验收，准备结算资料和分析

总结，接受审计，处理项目经理部的善后工作。

⑩协助企业进行项目的检查、鉴定和评奖申报。

2.3.1.2　风景园林工程项目经理的权力

①参与项目招标、投标和合同签订。

②参与组建项目经理部。

③主持项目经理部工作。

④决定授权范围内项目资金的投入和使用。

⑤参与选择物资供应单位。

⑥参与选择并使用具有相应资质的分包人。

⑦制定内部计酬办法。

⑧在授权范围内协调与项目有关的内、外部关系。

⑨法定代表人授予的其他权力。

2.3.1.3　风景园林工程项目经理的聘任

(1) 项目经理的受聘资格

从2008年起，我国实施建造师执业资格制度，只有获得建造师执业资格，并且具有安全资格B证者，才能受聘到项目经理岗位。

一定时段内项目经理只宜承担一个施工项目的管理工作，当其负责管理的施工项目临近竣工阶段且经建设单位同意，可以同时承担另一项工程的项目管理工作。对项目经理进行科学的选拔和培训，进行工程技术、经济、管理、法律和职业道德等方面的继续教育和能力培训，是施工企业的长期任务。

(2) 项目经理的选聘方式

①竞争聘任制　本着先内后外的原则，面向社会进行招聘。其程序是：个人自荐→组织审查→答辩讲演→择优选聘。这种方式既可择优，又可增强项目经理的竞争与责任意识。

②经理委任制　委任的范围一般限于企业内部的管理人员。其程序是：经理提名→组织人事部门考察→经理办公会议决定。这种方式对于企业经理以及组织人事部门具有较高的要求。

③基层推荐、内部协商制　企业各基层施工队或劳务作业队向公司推荐若干人选，然后由组织人事部门汇总各方意见进行严格考核后，提出拟聘用人选，报经理办公会议决定。

2.3.1.4　风景园林工程项目经理与建造师的关系

注册建造师分为一级注册建造师和二级注册建造师。建造师注册受聘后，可以建造师的名义担任建设工程项目施工的项目经理，从事其他施工活动的管理，以及法律、行政法规或国务院住房城乡建设主管部门规定的其他业务。一级建造师可以担任一级及以下风景园林企业资质的工程项目施工项目经理；二级建造师可以担任二级及以下风景园林企业资质的工程项目施工项目经理。建造师必须接受继续教育，更新知识，不断提高业务水平。

(1) 两者定位不同

建造师与项目经理虽然从事的都是建设工程的管理，但定位不同。建造师执业的覆盖面较广，可涉及工程建设项目管理的许多方面，担任项目经理只是建造师执业中的一项。项目经理则限于企业内某一特定工程的项目管理。

(2) 工作岗位不同

建造师选择工作相对自主，可在就业市场上有序流动，有较大的活动空间。项目经理岗位是企业设定的，项目经理是企业法人代表授权或聘用的、一次性的工程项目施工管理者。

(3) 担任资格不同

建造师执业资格制度建立以后，项目经理责任制仍然要继续坚持。大中型建设工程项目的项目经理必须由取得建造师执业资格的建造师担任。注册建造师资格是担任大中型建设工程项目经理的一项必要性条件，是国家的强制性要求。但选聘哪位建造师担任项目经理，则由企业决定，属于企业行为。小型工程项目的项目经理可以由未取得建造师执业资格的人员担任。

2.3.2　风景园林工程项目经理部设立

项目经理部是由项目经理在风景园林企业的支持下组建的项目管理组织机构。它由项目经理领导，接受企业业务部门指导、监督、检查和考核，负责施工项目从开工到竣工的全过程管理工作,是履行施工合同的主体机构。大中型施工项目,承包商必须在施工现场设立项目经理部,并根据目标控制和管理的需要设立专业职能部门;小型施工项目,一般也应设立项目经理部,但可简化。

2.3.2.1 项目经理部设立原则

①根据管理组织形式进行设置 即根据风景园林企业的管理方式和对项目经理部的授权,以及项目经理部的人员素质、管理职责等加以选择。

②根据项目的规模、复杂程度和专业特点进行设置 例如,大中型项目宜采用矩阵式,远离企业管理层的大中型项目宜采用事业部式,中小型项目则宜按部门控制式设置施工项目经理部。

③建立有弹性的一次性组织机构 项目经理部应随着工程的进展适时调整,并在工程完工、审计后解体。

④人员的配备要满足施工现场管理的需要 即面向施工现场,满足计划、调配、技术、质量、成本核算、资源管理、安全与文明施工等需要。

2.3.2.2 项目经理部设立程序

①根据企业批准的项目管理规划大纲,确定项目经理部的管理任务和组织形式。

②确定项目经理部的层次,设立职能部门与工作岗位。

③确定人员及其职责、权限。

④由项目经理根据项目管理目标责任书进行目标分解。

⑤组织有关人员制定规章制度和目标责任考核、奖惩制度。

⑥项目经理部经企业的法定代表人批准正式成立,并以书面形式通知建设单位和项目监理机构。

2.3.2.3 项目经理部管理制度

管理制度是为保证组织任务的完成和目标的实现,对例行性活动应当遵循的方法、程序、要求及标准所作出的规定。它是完善施工项目组织关系、保证组织机构正常运行的基本手段

(梁鸿颉 等,2020)。

项目经理部的管理制度主要聚焦于计划、责任、核算、奖惩等方面,一般应包括以下内容:项目管理人员岗位责任制度,项目技术管理制度,项目质量管理制度,项目安全管理制度,项目计划、统计与进度管理制度,项目成本核算制度,项目材料、机具设备管理制度,项目现场管理制度,项目分配与奖励制度,项目例会及施工日志制度,项目分包及劳务管理制度,项目组织协调制度,项目信息管理制度。

2.3.3 风景园林工程项目经理部解体

项目经理部是一次性的、具有弹性的现场生产组织机构。在工程项目竣工且审计完成后,其使命便告结束,可按规定程序予以解体(姚亚锋 等,2020)。

2.3.3.1 项目经理部解体条件

①工程已经通过竣工验收。

②与各分包单位已经结算完毕。

③已协助企业管理层与建设单位签订了工程质量保修书。

④项目管理目标责任书已经履行完成,并经企业管理层审计合格。

⑤已与企业管理层办理了有关手续。

⑥现场清理完毕。

2.3.3.2 项目经理部解体程序和善后工作

①在施工项目通过竣工验收之日起15日内,项目经理应向企业工程管理部门提交项目经理部解体的申请报告。同时,向企业的各个职能管理部门提出本部善后留用和解除合同人员的名单与时间,有关部门审核、批准后执行。

②项目经理部在解体前,应成立以项目经理为首的善后工作小组,其留守人员一般应由主任工程师,技术、预算、财务、材料管理等方面人员各一人组成。善后工作组主要负责剩余材料的处理、工程款项的回收、财务账目的结算与移交,以及解决与建设单位有关的遗留事宜。其工作期

限一般为3个月。

③项目经理部在解聘业务人员时,应提前发给解聘人员两个月的岗位效益工资,并给予有关待遇,以使其在人才劳务市场上有回旋的余地。

④妥善处理施工项目的保修问题。对于仍属质量保修期限以内的竣工项目,项目经理部应与企业的经营和工程管理部门根据竣工时间、质量标准等确定工程保修费用的预留比例,并将保修费用交公司管理部门统一包干使用。

2.3.3.3 项目经理部的效益审计评估和债权债务处理

①项目经理部剩余的材料,原则上应处理给风景园林企业的物资设备部门,材料价格按新旧情况以质论价,双方协商。在对外销售材料时,必须经过企业主管部门批准。

②项目经理部根据工作需要购买的通信、办公等固定资产,必须如实建账、以质论价,移交企业。

③项目经理部的工程成本盈亏审计,应以该项目的实际成本和工程款项结算回收数额为依据,由审计部门牵头,财务、工程管理等部门参加,并于项目经理部解体后第四个月完成审计评价报告,提交企业经理办公会议审批。

④项目经理部的工程款项结算、回收及加工订货等债权债务的处理,由项目经理部的留守善后工作小组在三个月内全部完成。逾期未能收回又未办理任何合法有效的手续,其差额部分按项目经理部的亏损计算。

⑤通过项目综合效益的审计评估,确认已经完成项目管理目标责任书规定的成本、质量、进度和安全等控制目标时,应按规定的办法奖励项目经理部;未能完成项目管理目标责任书规定的目标时,一律由项目经理负责。

思考题

1.简述风景园林建设项目管理的组织形式。
2.简述风景园林施工项目管理的组织形式。
3.简述风景园林工程项目管理组织模式。
4.合伙模式有什么特点?
5.简述风景园林工程项目经理与建造师的关系。
6.风景园林工程项目经理部如何设立与解体?

推荐阅读书目

1.工程项目复杂性与管理.洪竞科.重庆大学出版社,2022.
2.EPC工程总承包全过程组织与实施.李永福,申建.中国计划出版社,2022.

拓展阅读

注册建造师

注册建造师作为一项执业资格制度,1834年起源于英国,迄今已有190年的历史。世界上许多发达国家已建立该项制度,具有执业资格的建造师也有自己专属的国际性组织——国际建造师协会,我国是该协会团体会员单位之一。1994年,为使注册建造师制度与世界接轨,原建设部即开始研究建立注册建造师制度,对其必要性、可行性进行了长期充分的论证。2002年10月13日,建设部建筑市场管理司组织的建造师执业资格制度考察团赴英国、西班牙、法国考察建造师执业资格制度。2002年12月5日,人事部、建设部联合下发了《关于印发〈建造师执业资格制度暂行规定〉的通知》,通知的下发标志着我国建造师执业资格制度工作的正式启动。建造师执业资格制度的建立,为我国开拓风景园林国际工程承包市场提供了重要保障。

"明轩"是我国第一例园林出口工程,开创了我国园林工程出口的先河,是境外造园的经典之作,被誉为中美文化交流史上的一件永恒展品。"明轩"之后,苏州园林越来越频繁地亮相于世界各国,如建于日本池田的"齐芳亭"、金泽的"金兰亭",建于美国纽约的"寄兴园"、波特兰的"兰苏园",建于法国巴黎的"怡黎园",建于加拿大温哥华的"逸园"等。苏州古典园林整装出口,不仅把中国传统建筑艺术中的亭台楼阁、飞檐斗拱展示给了全世界,同时把中国的文学、书法、诗画、盆景、匾额、楹联、家具陈设,连同吉祥寓意、借物寄情等文化内涵全盘展现出来,在异域他乡获得了广泛的认同和无数的知音,成为中国文化传播的桥梁(刘珊,2013)。

注册建造师执业资格制度的出台,不仅有利于深化风景园林建设事业管理体制改革,而且有利于实现风景园林项目经理的职业化、社会化、专业化,更有利于开拓风景园林国际市场,稳步推进中国文化走出去战略的实施。

第3章 风景园林工程项目前期决策

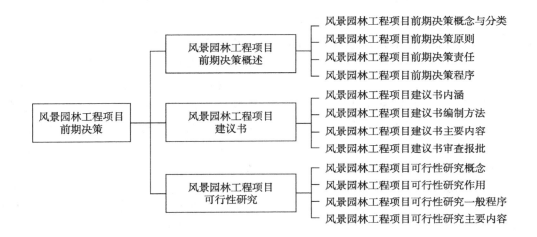

学习目标

初级目标：熟悉风景园林工程项目前期决策的概念与分类、原则、责任与程序，项目建议书的内涵，可行性研究的概念、作用等知识性内容。

中级目标：掌握风景园林工程项目建议书的编制方法与主要内容，掌握风景园林工程项目建议书可行性研究的一般程序与主要内容。

高级目标：会编制风景园林工程项目可行性研究报告。

任务导入

××市发展改革委批复通过《××绿道串联工程可行性研究报告》，该项目无新增建设用地，起点位于××，终点至××，全长15.05km。主要包括新建绿道、绿道路面改造、绿道两侧绿化提升、景观节点改造、标识系统、景观照明、绿化喷灌、节点喷雾系统等沿线景观整治提升。主要工程内容包括园林建筑及小品工程、园林绿化及养护工程、园林安装工程等。项目总投资概算4123.05万元，其中，建安工程费用3520.90万元，工程建设其他费用405.82万元，基本预备费用196.33万元。资金由市级财政统筹安排，建设期6个月。

请思考：风景园林工程项目可行性研究的主要内容有哪些？

3.1 风景园林工程项目前期决策概述

3.1.1 风景园林工程项目前期决策概念与分类

（1）概念

风景园林工程项目前期决策是指最终作出是否投资建设某个风景园林工程项目的决定，包括项目目标的确定、项目建设规模和服务（产品）方案的确定，场址的确定，技术方案、设备方案、工程方案的确定，环境保护方案以及融资方案的确定等。

（2）分类

按照决策主体不同，风景园林工程项目前期决策可分为投资人决策、政府决策和金融机构决策（张飞涟，2015）。

①投资人决策 是投资人根据风景园林企业总体发展战略、自身资源条件、在竞争中的地位，以及风景园林项目产品所处的生命周期阶段等因素，以获得经济效益、社会效益和提升持续发展能力为目标，作出是否投资建设风景园林工程项目的决定。

②政府决策 是指政府有关管理部门根据经济和社会发展的要求，以满足社会公共需求，促进经济、社会、环境可持续发展为目标，作出是否投资风景园林建设工程项目的决定。

③金融机构决策 是指银行等金融机构遵照"独立审贷、自主决策、自担风险"的原则，依据申请贷款的风景园林工程项目（法人）单位信用水平、经营管理能力和还贷能力，以及项目盈利能力，作出是否贷款的决定。

3.1.2 风景园林工程项目前期决策原则

为保证风景园林工程项目决策成功，在决策过程中必须遵循以下原则。

（1）科学性原则

风景园林工程项目前期决策需要决策者按照规范的程序、科学的方法和现代化的技术手段，调查研究风景园林工程项目的建设条件、国家有关政策、技术发展趋势和客观需求状况，对项目重大设计方案的有关数据进行认真分析和研究，在保证结论真实可靠的基础上进行决策。

（2）民主决策与责任制原则

民主决策要求决策者充分听取各种不同意见，尤其是专家意见，做到先评估、后决策。风景园林工程项目前期决策一般聘请符合专业资质要求的咨询机构进行评估论证，以降低投资风险。对于特别重大的项目应实行专家评议制度。对涉及社会公共利益的风景园林工程项目，还要采取适当的公众参与方式，广泛征求意见与建议，以使决策符合社会公众利益。

风景园林工程项目前期决策应确立责任制，即"谁投资，谁决策，谁收益，谁承担风险"。企业投资建设的风景园林工程项目，按照公司法人治理结构的权限划分，经经理层讨论，报决策层进行审定，特别重大的风景园林工程项目决策需要报股东大会讨论通过。对于政府投资项目，由政府进行前期决策，政府要审批项目建议书和可行性研究报告，决定是否投资建设，并对决策可能造成的风险承担责任。

（3）系统性原则

风景园林工程项目产生的影响是多方面的，包括经济的、社会的、环境的等，需要系统考虑多种因素，按照系统整体最优的基本思想，从经济效益、环境效益和社会效益三者统一的社会责任目标出发，进行系统分析，作出项目决策。

3.1.3 风景园林工程项目前期决策责任

（1）政府投资主管部门

政府投资主管部门对项目的审批（核准）以及向国务院提出审批（核准）的审查意见承担责任，着重对项目是否符合国家宏观调控政策、发展建设规划和产业政策，是否维护了经济安全和公共利益，资源开发利用和重大布局是否合理，是否有效防止了垄断出现等方面承担责任。

（2）环境保护主管部门

环境保护主管部门对项目是否符合环境影响评价的法律、法规要求，是否符合环境功能区划，拟采取的环保措施能否有效治理环境污染和防止生态破坏等负责。

(3) 国土资源主管部门

国土资源主管部门对项目是否符合土地利用总体规划和国家供地政策，项目拟用地规模是否符合有关规定和控制要求，补充耕地方案是否可行等负责；对土地、矿产资源开发利用是否合理负责。

(4) 城市规划主管部门

城市规划主管部门对项目是否符合城市规划要求，选址是否合理等负责。

(5) 相关行业主管部门和其他有关主管部门

相关行业主管部门对项目是否符合国家法律、法规，行业发展建设规划及行业管理的有关规定负责。其他有关主管部门对项目是否符合国家法律、法规和国务院的有关规定负责。

(6) 金融机构和咨询机构

金融机构按照国家有关规定对申请贷款的项目独立审贷，对贷款风险负责。咨询机构对咨询评估结论负责。

(7) 项目（法人）单位

项目（法人）单位对项目申报程序是否符合有关规定、申报材料是否真实、是否按照经审批或核准的建设内容进行建设负责。

3.1.4 风景园林工程项目前期决策程序

政府投资建设的风景园林工程项目，必须先列入行业、部门或区域发展规划，由政府投资主管部门审批项目建议书，审查决定项目是否立项，再经过可行性研究报告的审查，作出是否投资建设项目的决策。

采用直接投资和资本金注入方式的政府投资风景园林工程项目，政府主管部门从投资决策角度只审批项目建议书和可行性研究报告。除特殊情况外，不再审批开工报告，但需要审批项目初步设计、设计概算等。采用投资补助、转贷和贴息方式的政府投资建设工程项目，只审批资金申请报告。政府投资建设风景园林工程项目决策程序如图3-1所示。

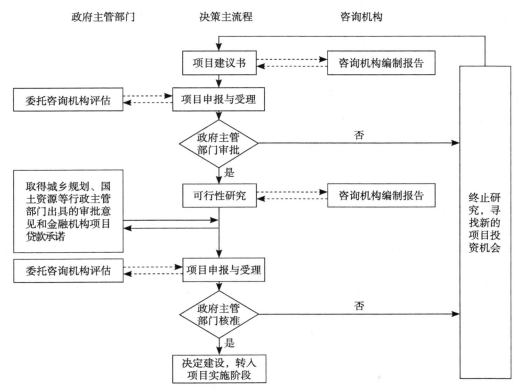

图3-1 政府投资建设风景园林工程项目决策程序

3.2 风景园林工程项目建议书

3.2.1 风景园林工程项目建议书内涵

项目建议书是风景园林工程项目建设程序的最初环节，是有关地区、部门、企事业单位或投资者根据国民经济和社会发展的长远规划、行业规划和地区规划的要求，经过周密细致的调查研究、市场预测、资源条件及技术经济分析，提出建设某一项目的建议文件。项目建议书是鉴别项目投资方向，对拟建项目的一个总体轮廓设想，着重从宏观上对项目建设的必要性做出分析衡量，并初步分析项目建设的可能性，向决策者提出建议，推荐项目。

项目建议书是风景园林工程项目立项报批的依据，是项目建设前期工作的重要环节，是整个建设项目的开端和起点。同时，项目建议书客观地论述了项目建设的必要性和可能性，不仅为审批机关的初步决策提供了依据，也为国家确定建设项目提供了依据，还为企业将来开展工作提供了依据，从而有效地避免项目建设的重复性和盲目性。

3.2.2 风景园林工程项目建议书编制方法

项目建议书的编制一般由项目（法人）单位委托咨询机构负责完成。根据《中央预算内直接投资项目管理办法》第十条规定，由国家发展改革委负责审批的项目，其项目建议书应当由具备相应资质的甲级工程咨询机构编制。工程咨询机构通过粗略的考察和分析，提出项目的设想和对投资机会的评估，主要表现在以下几方面。

（1）论证重点

重点论证项目在已批准（审查）的专业规划基础上提出的建设目标和任务、建设规模、建设条件、建设时间、资金筹措，论证项目建设的必要性，初步分析项目的可行性和合理性。

（2）宏观信息

项目建议书阶段是基本建设程序的最初阶段，此时尚无法获得有关项目本身的详细技术、工程、经济资料和数据，因此，工作依据主要是国家的国民经济和社会发展规划、行业或地区规划、国家产业政策、技术政策、自然资源状况等宏观信息。

（3）估算误差

项目建议书阶段的分析、测算，对数据精度要求较粗，内容相对简单。在没有条件取得可靠资料时，也可以参考同类项目的有关数据或其他经验数据进行推算，如绿化工程量、园林景观工程量、投资估算等一般是按类似工程进行估价。因此，项目建议书阶段的投资估算误差一般为±20%。

（4）最终结论

项目建议书阶段的研究目的是对风景园林工程建设项目的必要性进行论证，确定项目设想是否合理。项目建议书的最终结论，可以是项目成立的肯定性推荐意见，也可以是项目不成立的否定性意见。

3.2.3 风景园林工程项目建议书主要内容

（1）项目概况

包括项目名称、项目提出的必要性和依据（特别是政策依据）、项目承办单位和项目投资者的有关情况及项目建设的主要内容等。

（2）项目建设初步选址及建设条件

包括风景园林工程项目建设拟选地址的地理位置、占地范围、占用土地类别（国有、集体所有）和数量、拟占土地的现状及现有使用者的基本情况。项目建设条件包括自然状况和资源条件、生态环境特点及现状、社会经济条件、主要原材料供应条件、交通运输条件、市政公用设施配套条件及实现上述条件的初步设想。

（3）项目建设规模与建设内容

包括项目的规模、面积、园林环境容量；建设项目分期建设情况；园林建设项目总体设计中各项目组成；绿化、道路、广场、河湖、建筑、假山、设备、管线等专业设计或单独的子项目工程间相互关系、周围环境的配合关系。

（4）投资匡算与资金筹措

包括项目总投资额、资金来源等。利用银行贷款的项目要将建设期间的贷款利息计入总投资额内，利用外资的项目要说明外汇平衡方式和外汇偿还办法。

（5）项目的进度安排

项目的进度安排包括项目的估计建设周期、分期实施方案、计划进度等。

（6）项目效益的初步估计

项目效益的初步估计包括初步的财务评价、国民经济评价、环境效益和社会效益分析等。

（7）结论

简要总结上述成果，分析项目的主要问题，简述地方及有关部门的意见，提出综合性评价结论。

（8）附件

附件通常包括建设项目拟选位置地形图，标明项目建设占地范围和占地范围内及附近地区地上建筑物现状；主管部门或地方人民政府对规划的批准文件或审查意见、项目建设资金的筹集方案及投资来源文件、其他有关附表和附图。

3.2.4 风景园林工程项目建议书审查报批

根据《国务院关于投资体制改革的决定》，涉及政府投资的项目需编制项目建议书及工程可行性研究报告并报主管部门审批，企业投资不使用政府资金的项目适用于核准制或备案制。

项目单位在正式报送有关主管部门审批前，应首先审查项目是否符合国家的建设方针和长期规划，以及园林产业结构调整的方向和范围；园林项目产品符合市场需要的论证理由是否充分；项目建设地点是否合适，有无不合理的布局或重复建设；对项目的财务、经济效益、环境效益和还款要求的估算是否合理，是否与项目（法人）单位的投资设想一致；对遗漏、论证不足的地方，要求补充修改。项目建议书审查完毕后，按照国家颁布的有关文件规定、审批权限申请立项报批。

3.3 风景园林工程项目可行性研究

3.3.1 风景园林工程项目可行性研究概念

风景园林工程项目可行性研究，是指在调查的基础上，通过市场分析、技术分析、财务分析和国民经济分析，对风景园林工程投资项目的建设必要性、方案可行性、风险可控性进行的综合评价。

项目建设必要性应从需求可靠性维度研究得出结论，项目方案可行性应从要素保障性、工程可行性、运营有效性、财务合理性和影响可持续性五个维度进行研究论证，项目风险可控性应通过各类风险管控方案维度研究得出结论。

3.3.2 风景园林工程项目可行性研究作用

（1）为发展改革委项目立项提供依据

可行性研究报告能够较全面提供决策所需的重要数据和文字信息，因而它是项目预审和复审的主要依据。发展改革委根据可行性研究报告进行核准、备案或批复，决定某个项目是否实施。

（2）为投资者进行投资决策提供依据

进行可行性研究是投资者在投资前期的重要工作，投资者需要委托有资质的、有信誉的投资咨询机构，在充分调研和分析论证的基础上，编制可行性研究报告，并以可行性研究的结论作为其投资决策的主要依据。

（3）为投资者筹措资金提供依据

投资者筹措资金包括寻找合作者投入资金和申请金融机构贷款。寻找合作者往往需要编制可行性研究报告，在向合作者提供项目资料时，可行性研究报告是主要资料之一。对于申请金融机构贷款，其在受理项目贷款申请时，首先要求申请者提供可行性研究报告，然后对其进行全面、细致的审查和分析论证，并在此基础上编制项目评估报告，评估报告的结论是银行确定是否发放贷款的重要依据。

(4) 为工程设计提供依据

在可行性研究报告中，对项目的场址选择、总图布置、建设规模、建设方案等都进行了方案比选和论证，确定了最优方案。投资者可依据可行性研究报告进行工程设计。

3.3.3 风景园林工程项目可行性研究一般程序

(1) 签订委托协议

项目（法人）单位与具备资质的工程咨询机构就项目可行性研究报告编制工作的范围、重点、深度要求、完成时间、费用预算和质量要求交换意见，并签订委托协议。

(2) 组建工作小组

工程咨询机构根据委托项目可行性研究的工作量、内容、范围、技术难度、时间要求等组建可行性研究报告编制小组。

(3) 制定编制大纲

根据可行性研究工作的范围、重点、深度、进度安排、人员配置、费用预算等制定可行性研究报告编制大纲，并与项目（法人）单位交换意见。

(4) 调查研究与收集资料

各专业组根据可行性研究报告编制大纲进行实地调查，收集整理有关资料，包括：向市场和社会调查，向行业主管部门调查，向项目所在地区调查，向项目涉及的有关企业、单位调查，收集项目建设、投入运营等各方面所必需的信息资料和数据。

(5) 方案编制与优化

在调查研究收集资料的基础上，对项目的建设规模、选址方案、工程方案、技术方案、设备（软件）方案、总图布置、原材料供应方案、环境保护方案、组织机构设置方案、实施进度方案，以及项目投资与资金筹措方案等，研究编制备选方案。进行方案论证比选优化后，提出推荐方案。

(6) 项目评价

对推荐的建设方案进行环境评价、财务评价、国民经济评价、社会评价及风险分析，以判别项目的环境可行性、经济可行性、社会可行性和抗风险能力。当有关评价指标结论不足以支持项目方案成立时，应对原设计方案进行调整或重新设计。

(7) 编写可行性报告

项目可行性研究中的各专业方案，经过技术经济论证和优化，由各专业组分别编写。经项目负责人衔接协调综合汇总，提出可行性研究报告初稿。

(8) 与项目（法人）单位交换意见

可行性研究报告初稿形成后，与项目单位交换意见，修改完善后，形成正式可行性研究报告。

3.3.4 风景园林工程项目可行性研究主要内容

3.3.4.1 概述

(1) 项目概况

概述项目全称及简称、项目建设目标和任务、建设地点、建设内容和规模、建设工期、投资规模和资金来源、建设模式、主要技术经济指标等。

(2) 项目单位概况

简述项目单位基本情况。拟新组建项目法人的，简述项目法人组建方案。对于政府资本金注入项目，简述项目法人基本信息、投资人（或者股东）构成及政府出资人代表等情况。

(3) 编制依据

概述项目建议书及其批复文件、国家和地方有关支持性规划、产业政策和行业准入条件、主要标准规范、专题研究成果，以及其他依据。

(4) 主要结论和建议

简述项目可行性研究的主要结论和建议。

3.3.4.2 项目建设背景和必要性

(1) 项目建设背景

简述项目立项背景，项目用地预审和规划选址等行政审批手续办理和其他前期工作进展。

(2) 规划政策符合性

阐述项目与经济社会发展规划、区域规划、专项规划、国土空间规划等重大规划的衔接性，与共同富裕、乡村振兴、科技创新、节能减排、碳达峰碳中和、国家安全和应急管理等重大政策目标的符合性。

（3）项目建设必要性

从重大战略和规划、产业政策、经济社会发展、项目（法人）单位履职尽责等层面，综合论证项目建设的必要性和建设时机的适当性。

3.3.4.3 项目需求分析

（1）需求分析

在调查项目所涉服务需求现状的基础上，分析服务的可接受性或市场需求潜力，研究提出拟建项目功能定位、近期和远期目标、服务的需求总量及结构。

（2）建设内容和规模

结合项目建设目标和功能定位等，论证拟建项目的总体布局、主要建设内容及规模，确定建设标准。大型、复杂及分期建设项目应根据项目整体规划、资源利用条件及近、远期需求预测，明确项目近、远期建设规模、分阶段建设目标和建设进度安排，并说明预留发展空间及其合理性、预留条件对远期规模的影响等。

3.3.4.4 项目选址与要素保障

（1）项目选址

通过多方案比较，选择项目最佳或合理的地址，明确拟建项目地址的土地权属、供地方式、土地利用状况、矿产压覆、占用耕地和永久基本农田、涉及生态保护红线、地质灾害危险性评估等情况。备选地址方案比选要综合考虑规划、技术、经济、社会等条件。

（2）项目建设条件

分析拟建项目所在区域的自然环境、交通运输、公用工程等建设条件。其中，自然环境条件包括地形地貌、气象、水文、地质、地震、防洪等；交通运输条件包括铁路、公路、港口、机场、管道等；公用工程条件包括周边市政道路、水、电、气、热、消防和通信。阐述施工条件、生活配套设施和公共服务依托条件等。改扩建工程要分析现有设施条件的容量和能力，提出设施改扩建和利用方案。

（3）要素保障分析

①土地要素保障　分析拟建项目相关的国土空间规划、土地利用年度计划、建设用地控制指标等土地要素保障条件，开展节约集约用地论证分析，评价用地规模和功能分区的合理性、节地水平的先进性。说明拟建项目用地总体情况，包括地上（下）物情况等；涉耕地、园地、林地、草地等农用地转为建设用地的，说明农用转用指标的落实、转用审批手续办理安排及耕地占补平衡的落实情况；涉及占用永久基本农田的，说明永久基本农田占用补划情况；如果项目涉及用海用岛，应明确用海用岛的方式、具体位置和规模等内容。

②资源环境要保障　分析拟建项目水资源、能源、大气环境、生态等承载能力及其保障条件，以及取水总量、能耗、碳排放强度和污染减排指标控制要求等，说明是否存在环境敏感区和环境制约因素。对于涉及用海的项目，应分析利用港口岸线资源、航道资源的基本情况及其保障条件；对于需围填海的项目，应分析围填海基本情况及其保障条件。对于重大投资项目，应列示规划、用地、用水、用能、环境，以及可能涉及的用海、用岛等要素保障指标，并综合分析提出要素保障方案。

3.3.4.5 项目建设方案

（1）技术方案

通过技术比较提出项目预期达到的技术目标、技术来源及其实现路径，确定核心技术方案和核心技术指标。简述推荐技术路线的理由，对于专利或关键核心技术，需要分析其取得方式的可靠性、知识产权保护、技术标准和自主可控性等。

（2）设备（软件）方案

通过设备比选提出所需主要设备（软件）的规格、数量、性能参数、来源和价格，论述设备（软件）与技术的匹配性和可靠性、设备（软件）对工程方案的设计技术需求，提出关键设备（软件）推荐方案及自主知识产权情况。对于关键设备，进行单台技术经济论证，说明设备调研情况；对于非标设备，说明设备原理和组成。对于改扩建项目，分析现有设备利用或改造情况。

（3）工程方案

通过方案比选提出工程建设标准、工程总体布置、主要建（构）筑物和系统设计方案、外部运输方案、公用工程方案及其他配套设施方案。工程方案要充分考虑土地利用、地上地下空间综合利用、人民防空工程、抗震设防、防洪减灾、消防应急等要求，以及绿色和韧性工程相关内容，并结合项目所属行业特点，细化工程方案有关内容和要求。涉及分期建设的项目，需要阐述分期建设方案；涉及重大技术问题的，还应阐述需要开展的专题论证工作。

（4）用地用海征收补偿（安置）方案

涉及土地征收或用海海域征收的项目，应根据有关法律法规政策规定，提出征收补偿（安置）方案。土地征收补偿（安置）方案应当包括征收范围、土地现状、征收目的、补偿方式和标准、安置对象、安置方式、社会保障、补偿（安置）费用等内容。用海用岛涉及利益相关者的，应根据有关法律法规政策规定等，确定利益相关者协调方案。

（5）数字化方案

对于具备条件的项目，提出拟建项目数字化应用方案，包括技术、设备、工程、建设管理和运维、网络与数据安全保障等方面，提出以数字化交付为目的，实现设计、施工、运维全过程数字化应用方案。

（6）建设管理方案

提出项目建设组织模式和机构设置，制定质量、安全管理方案和验收标准，明确建设质量和安全管理目标及要求，提出拟采用新材料、新设备、新技术、新工艺等推动高质量建设的技术措施。根据项目实际提出拟实施以工代赈的建设任务等。

提出项目建设工期，对项目建设主要时间节点做出时序性安排。提出包括招标范围、招标组织形式和招标方式等在内的拟建项目招标方案。

研究提出拟采用的建设管理模式，如代建管理、全过程工程咨询服务、工程总承包等。

3.3.4.6 项目运营方案

（1）运营模式选择

研究提出项目运营模式，确定自主运营管理还是委托第三方运营管理，并说明主要理由。委托第三方运营管理的，应对第三方的运营管理能力提出要求。

（2）运营组织方案

研究项目组织机构设置方案、人力资源配置方案、员工培训需求及计划，提出项目在合规管理、治理体系优化和信息披露等方面的措施。

（3）安全保障方案

分析项目运营管理中存在的危险因素及其危害程度，明确安全生产责任制，建立安全管理体系，提出劳动安全与卫生防范措施，以及项目可能涉及的数据安全、网络安全的责任制度或措施方案，并制定项目安全应急管理预案。

3.3.4.7 项目投融资与财务方案

（1）投资估算

对项目建设和生产运营所需投入的全部资金（即项目总投资）进行估算，包括建设投资、建设期融资费用和流动资金，说明投资估算编制依据和编制范围，明确建设期内分年度投资计划。

（2）盈利能力分析

根据项目性质，确定适合的评价方法。结合项目运营期内的负荷要求，估算项目营业收入、补贴性收入及各种成本费用，并按相关行业要求提供量价协议、框架协议等支撑材料。通过项目自身的盈利能力分析，评价项目可融资性。对于政府直接投资的非经营性项目，开展项目全生命周期资金平衡分析，提出开源节流措施。对于政府资本金注入项目，计算财务内部收益率、财务净现值、投资回收期等指标，评价项目盈利能力；营业收入不足以覆盖项目成本费用的，提出政府支持方案。对于综合性开发项目，分析项目服务能力和潜在综合收益，评价项目采用市场化机制的可行性和利益相关方的可接受性。

（3）融资方案

研究提出项目拟采用的融资方案，包括权益性融资和债务性融资，分析融资结构和资金成本。说明项目申请财政资金投入的必要性和方式，明确资金来源，提出形成资金闭环的管理方案。对于政府资本金注入项目，说明项目资本金来源和结构、与金融机构对接情况，研究采用权益型金融工具、专项债、公司信用类债券等融资方式的可行性，主要包括融资金额、融资期限、融资成本等关键要素。

（4）债务清偿能力分析

对于使用债务融资的项目，明确债务清偿测算依据和还本付息资金来源，分析利息备付率、偿债备付率等指标，评价项目债务清偿能力，以及是否会增加当地政府财政支出负担、引发地方政府隐性债务风险等情况。

（5）财务可持续性分析

对于政府资本金注入项目，编制财务计划现金流量表，计算各年净现金流量和累计盈余资金，判断拟建项目是否有足够的净现金流量维持正常运营。对于在项目经营期出现经营净现金流量不足的项目，研究提出现金流接续方案，分析政府财政补贴所需资金，评价项目财务可持续性。

3.3.4.8 项目影响效果分析

（1）经济影响分析

对于具有明显经济外部效应的政府投资风景园林工程项目，计算项目对经济资源的耗费和实际贡献，分析项目费用效益或效果，评价拟建项目的经济合理性。

（2）社会影响分析

通过社会调查和公众参与，识别项目主要社会影响因素和主要利益相关者，分析不同目标群体的诉求及其对项目的支持程度，评价项目采取以工代赈等方式在带动当地就业、促进技能提升等方面的预期成效，以及促进员工发展、社区发展和社会发展等方面的社会责任，提出减缓负面社会影响的措施或方案。

（3）生态环境影响分析

分析拟建项目所在地的环境和生态现状，评价项目在污染物排放、地质灾害防治、防洪减灾、水土流失、土地复垦、生态保护、生物多样性和环境敏感区等方面的影响，提出生态环境影响减缓、生态修复和补偿等措施，以及污染物减排措施，评价拟建项目能否满足有关生态环境保护政策要求。

（4）资源和能源利用效果分析

研究拟建项目的森林资源、水资源、能源、再生资源、废物和污水资源化利用，以及设备回收利用情况，提出资源节约、关键资源保障，以及供应链安全、节能等方面措施，计算采取资源节约和资源化利用措施后的资源消耗总量及强度。计算采取节能措施后的全口径能源消耗总量、原料用能消耗量、可再生能源消耗量等指标，评价项目能效水平及对项目所在地区能耗调控的影响。

（5）碳达峰碳中和分析

对于高耗能、高排放项目，在项目能源资源利用分析的基础上，预测并核算项目年度碳排放总量、主要产品碳排放强度，提出项目碳排放控制方案，明确拟采取减少碳排放的路径与方式，分析项目对所在地区碳达峰碳中和目标实现的影响。

3.3.4.9 项目风险管控方案

（1）风险识别与评价

识别项目全生命周期的主要风险因素，包括需求、建设、运营、融资、财务、经济、社会、环境、网络与数据安全等方面，分析各风险发生的可能性、损失程度，以及风险承担主体的韧性或脆弱性，判断各风险后果的严重程度，研究确定项目面临的主要风险。

（2）风险管控方案

结合项目特点和风险评价，有针对性地提出项目主要风险的防范和化解措施。重大项目应当对社会稳定风险进行调查分析，查找并列出风险点、风险发生的可能性及影响程度，提出防范和化解风险的方案措施，提出采取相关措施后的社会稳定风险等级建议。对可能引发"邻避"问题的，应提出综合管控方案，保证影响社会稳定的风险在采取措施后处于低风险且可控状态。

（3）风险应急预案

对于拟建项目可能发生的风险，研究制定重大风险应急预案，明确应急处置及应急演练要求等。

3.3.4.10 研究结论及建议

（1）主要研究结论

从建设必要性、要素保障性、工程可行性、运营有效性、财务合理性、影响可持续性、风险可控性等维度分别简述项目可行性研究结论，评价项目在经济、社会、环境等各方面的效果和风险，提出项目是否可行的研究结论。

（2）问题与建议

针对项目需要重点关注和进一步研究解决的问题，提出相关建议。

3.3.4.11 附表、附图和附件

根据项目实际情况和相关规范要求，研究确定并附具可行性研究报告必要的附表、附图和附件等。

思考题

1. 风景园林工程项目前期决策原则有哪些？
2. 风景园林工程项目前期决策责任是什么？
3. 简述风景园林工程项目前期决策程序。
4. 风景园林工程项目建议书的内涵是什么？
5. 风景园林工程项目建议书的主要内容是什么？
6. 风景园林工程项目可行性研究的作用有哪些？
7. 风景园林工程项目可行性研究的一般程序是什么？
8. 风景园林工程项目可行性研究包括哪些主要内容？

推荐阅读书目

1. 技术经济学——理论与方法. 王宏伟，蔡跃洲，郑世林. 经济管理出版社，2023.
2. 技术经济学方法与应用. 谭萍，雷晶，王琦. 哈尔滨工业大学出版社，2022.

拓展阅读

可行性研究制度

20世纪80年代初，学习借鉴世界银行和联合国工业发展组织推进项目建设的有益经验，我国探索引入可行性研究制度。1983年，国家计委发布《关于建设项目进行可行性研究的试行管理办法》，明确可行性研究是建设前期工作的重要内容，是基本建设程序的组成部分，标志着可行性研究制度在我国正式确立。2002年，国家计委印发《投资项目可行性研究指南（试用版）》（以下简称《指南》），作为国家层面上用以指导全国投资项目可行性研究工作的规范性文本（吴丹，2022）。为了更好地实现投资高质量发展，进一步强化投资项目可行性研究的基础作用，深入把握项目可行性研究的重点，注重防控项目决策、建设、运营风险，着重提高投资综合效益，推动投资项目转化为有效投资，助力经济社会健康可持续发展，国家发展改革委在系统总结2002年《指南》使用经验的基础上，立足新发展阶段，广泛征求各方意见，凝聚各方共识，制定印发了《政府投资项目可行性研究报告编写通用大纲（2023年版）》。

《政府投资项目可行性研究报告编写通用大纲（2023年版）》的颁布实施，是我国工程咨询行业发展史上的一件大事，必将加快引领和推进工程咨询和投资管理模式、理念转变和创新的进程。

第4章

风景园林工程项目勘察设计管理

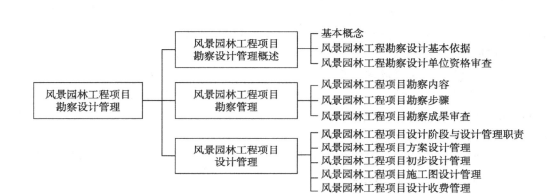

学习目标

初级目标：熟悉风景园林工程项目勘察与设计的概念、勘察设计的基本依据、勘察设计单位资格审查、勘察成果审查、设计阶段与设计管理职责等知识性内容。

中级目标：掌握风景园林工程项目勘察的主要内容与步骤，掌握风景园林工程项目方案设计的主要内容与管理要点，掌握风景园林工程项目初步设计的主要内容与管理要点，掌握风景园林工程项目施工图设计的主要内容与管理要点。

高级目标：综合评估风景园林工程项目设计收费。

任务导入

河北省第三届园林博览会园博园项目获评为2020—2021年度国家优质工程奖。

该园博园的选址在邢台市邢东矿采煤塌陷区，位于邢州大道以南、东华路以西、泉北大街以北区域，面积约308hm²（4620亩*）。园博园设计主题是"太行名郡，园林生活——梦回太行，园来是江南"（高敏 等，2023）。设计团队深入挖掘邢台地质地貌与城市文化脉络，融合江南园林的造园思想，结合新兴的技术与材料，将园博园整体布局设计为邢台展园区（邢台怀古）、城市展园区（燕赵风韵）、创意展园区（创意生活）、专类展园区（山水核心）、花园展园区（城市花园）等主要园区。

请思考：风景园林工程项目方案设计的主要内容有哪些？

---

* 1亩≈666.7m²。

4.1 风景园林工程项目勘察设计管理概述

4.1.1 基本概念

4.1.1.1 风景园林工程勘察

根据《建设工程勘察设计管理条例》，建设工程勘察，是指根据建设工程的要求，查明、分析、评价建设场地的地质地理环境特征和岩土工程条件，编制建设工程勘察文件的活动。

风景园林工程勘察是依据项目选址意见书和相关法律、法规，运用多种科学技术方法，为查明工程项目拟建地点的地形地貌、地层土壤岩性、地质构造、水文条件等自然条件而进行的测量、勘探、试验，做出鉴定和综合评价等工作，其目的是为工程设计和施工提供可靠的依据。

4.1.1.2 风景园林工程设计

根据《建设工程勘察设计管理条例》，建设工程设计，是指根据建设工程的要求，对建设工程所需的技术、经济、资源、环境等条件进行综合分析、论证，编制建设工程设计文件的活动。

风景园林工程设计是根据批准的设计任务书，按照国家的相关政策、法规、技术规范，在规定的场地范围内对拟建工程进行详细规划、布局，将可行性研究中推荐的优选方案具体化和明确化，形成图纸、文字等设计文件，为工程施工提供依据。工程项目设计阶段是工程建设项目全生命周期中非常重要的一个环节，工程设计过程是实现策划、建设和运营衔接的关键性环节。

4.1.1.3 风景园林工程项目勘察设计管理

风景园林工程项目勘察设计管理是指做好工程勘察、工程设计的管理和配合工作，组织协调勘察单位、设计单位之间，以及与其他单位之间的工作配合，为设计单位创造必要的工作条件，以保证其及时提供设计文件，满足工程需要，使项目建设得以顺利进行。

一般情况下，建设单位勘察设计管理有以下几方面具体工作。

①选定勘察设计单位，招标发包勘察设计任务，签订勘察设计协议或合同，并组织管理合同的实施。

②收集、提供勘察设计基础资料及建设协议文件。

③组织协调各勘察与设计单位之间以及设计单位与科研、物资供应、设备制造和施工等单位之间的工作配合。

④主持研究和确认重大设计方案。

⑤配合设计单位编制设计概算。

⑥组织上报设计文件，提请国家主管部门批准。

⑦组织设计、施工单位进行设计交底、会审施工图纸。

⑧做好勘察、设计文件和图纸的验收、分发、使用、保管和归档工作。

⑨为勘察、设计人员现场服务，提供工作和生活条件。

⑩办理勘察、设计等费用的支付和结算。

4.1.2 风景园林工程勘察设计基本依据

依据我国现行的《建设工程勘察设计管理条例》，编制风景园林建设工程勘察、设计文件，应当以下列规定为基本依据：项目批准文件，城乡规划，工程建设强制标准，国家规定的建设工程勘察、设计深度要求。

4.1.3 风景园林工程勘察设计单位资格审查

风景园林勘察设计单位是指依照国家规定经批准成立，持有国家规定部门颁发的工程勘察、设计资格证书，从事工程项目勘察设计活动的单位。国家对从事工程项目勘察、设计活动的单位实行资质管理制度。凡列入国家计划的建设项目，建设单位在选择勘察设计单位时，必须采用招标方式发包给有资格的勘察设计单位。勘察设计单位应当按照其拥有的注册资本、专业技术人员、技术装备和勘察设计业绩等条件申请资质，经审查合格，取得建设工程勘察、设计资质证书，方可在资质等级许可的范围内从事建设工程勘察、设计活动。

国家根据勘察、设计单位的设计能力、技术和管理水平，专业配套、设计经验等条件，分等级颁发勘察设计证书，明确规定其业务范围。建设单位委托勘察设计任务时，要严格审查勘察设计单位证书的等级。

4.2 风景园林工程项目勘察管理

4.2.1 风景园林工程项目勘察内容

由于风景园林建设项目的性质、规模、复杂程度及建设地点不同，设计所需的技术条件也存有差异，设计前所需做的勘察项目也就各不相同。勘察工作归纳起来有以下五方面。

4.2.1.1 气象条件勘察

气象条件勘察主要包括项目区域的降水、气温、风向三个方面的内容。

①降水　全年降雨（雪）量，晴雨（雪）天数，雨（雪）季起止日期，霜期、结冰期、积雪厚和特别的小气候等。

②气温　年平均气温，最高、最低气温，最冷、最热月的逐月平均温度，冬夏室外计算温度，高于35℃、低于0℃的天数及起止日期等。

③风向　主导风向、风力、风速、风的频率；大于或等于8级风全年天数，并应将风向资料绘制成风玫瑰图。

4.2.1.2 地形地貌勘察

地形勘察主要是勘察识别项目区域内的地貌类型，如平原、山地、丘陵、河谷等，进一步分析其特点和影响因素；地貌勘察主要包括项目区域海拔、坡度、坡向、坡型、坡位、地形部位（在坡的上部、中部、下部）、地形起伏度、谷地开合度、地形山脉倾斜方向、倾斜度、沼泽地、低洼地、土壤冲刷地、地面切割情况等。

4.2.1.3 工程地质勘察

工程地质勘察主要包括项目区域地质构造、断层母岩、表层地质、土壤种类、土壤分布、土壤性质、土壤侵蚀、土壤排水、土壤肥沃度、土层厚度及冻土深度等。

4.2.1.4 工程水文勘察

工程水文勘察主要包括项目区域河川、湖泊、水的流向、流量、速度，水质pH（化学分析及细菌检验），水深，常水位，洪水位，枯水位及水利工程特点等。

4.2.1.5 生物资源调查

生物资源调查主要包括植物资源调查和动物资源调查两个方面。植物资源勘察内容包括植物物种、植物生境、植物群落、植物保护等；动物资源勘察内容包括动物种类、分布、数量、栖息规律和繁殖特征等。

4.2.2 风景园林工程项目勘察步骤

风景园林工程项目勘察应按一定的步骤进行。根据现行规定，风景园林工程项目选址勘察，应根据批准的项目建议书、设计任务书中的设想或所确定的建设地点进行；初步勘察在《选址报告》批准后进行；详细勘察应在初步设计文件批准后进行。

4.2.2.1 选址勘察

选址勘察主要是为风景园林工程项目选址提供必要的依据，对拟建场地的稳定性和适宜性作出工程地质评价。为此，首先要收集区域地质、地形地貌、附近地区的工程地质资料；然后通过踏勘，了解场地的地层构造，岩石和土壤的分类，不良地质现象及地下水等工程地质条件，对这些进行综合分析比较，确定项目的位置。对于工程地质条件复杂，已有资料不能符合要求，但其他方面条件较好且倾向于选取的场地，则应根据具体情况，进行工程地质测绘及必要的勘探工作。

4.2.2.2 初步勘察

初步勘察主要是对场地内建设地段的稳定性作出评价，为确定风景园林总平面布置、主要园林建（构）筑物的结构和基础设计方案及对地基处理和不良地质现象的防治提供工程地质资料。本环节应查明地层、构造、岩石和土的物理力学性质，地下水埋藏条件，以及地基土的冻结深度；初步查明场地不良地质现象的成因、分布范围、对场地稳定性的影响程度及其发展趋势，对于设计地震基本烈度为七度以上的地区，应该判明场地地基的地震效应。

4.2.2.3 详细勘察

为满足施工图设计的要求，详细勘察应查明项目建设范围内的地层、结构、岩石和土的物理力学性质，并对地基的稳定性、承载力及变形特性作出评价；提供不良地质现象的防治工程所需的计算指标及资料；查明地下水的埋藏条件和对混凝土的侵蚀性，必要时还要查明地层的渗透性、地下水位变化幅度及规律；要判明这些因素在项目施工和使用中可能产生的变化及影响，并且提出防治建议。当地基土质不均或结构松散、难以取样时，应进行现场荷载、钻孔荷载或采用其他原位测试手段，取得地基土的强度和力学性能指标。

4.2.3 风景园林工程项目勘察成果审查

（1）成立评审委员会

由建设单位组织，邀请建设主管部门和有关专业主管部门成立评审委员会和评审工作小组，由评审工作小组负责筹备、评审、报告修改完善、上报备案等工作。

（2）成立专家小组

由评委会邀请相关主管部门代表，相关学科专家、教授、专业人员组成专家小组，并推选专家小组组长。组长负责技术评审的环节，负责出具专家意见和评审意见。

（3）会审

①建设单位主持开会，宣布评委和专家组成，宣布专家小组组长、与会成员，介绍项目概况和评审内容要求，组织报告编制单位的专家就报告的编制和内容进行介绍。

②由专家小组组长主持评审，组织与会代表和专家对报告进行评审、讨论、咨询，若存在重大争议问题则要求组织编制单位出示问题相关的依据，包括理论根据、理论推演、录像资料、模拟原则、试验概况、实测场地概况等，并组织专家讨论。

③专家小组组长根据会审情况，草拟专家意见和评审意见，交与会代表和专家讨论。

④专家小组组长宣布评审专家意见，业主宣布评审结论，评审会议结束。

⑤建设单位组织编制单位根据专家意见修改或完善成果报告。对有原则错误或结论为重大错误的成果应宣布重做。

⑥业主将修改完善后的报告上报主管部门备案，副本交给设计单位进行设计。

4.3 风景园林工程项目设计管理

4.3.1 风景园林工程项目设计阶段与设计管理职责

4.3.1.1 风景园林工程项目设计阶段

从项目管理角度出发，风景园林工程项目的设计工作往往贯穿工程建设的全过程，从工程选址、可行性研究、决策立项，到设计准备、方案设计、初步设计、技术设计、施工图设计、招投标及施工，一直延伸到项目的竣工验收、投入使用及回访总结。在实际工作中，由于采用的工程发承包模式及工程项目管理模式不同，设计过程及施工过程的划分难以泾渭分明，在整个施工过程中设计图纸存在大量的修改和细化工作，因此，在工程设计管理工作中，应充分考虑相关工作的协调问题。

按风景园林工程规模的大小、技术复杂程度等，可将风景园林工程项目设计阶段分为两阶段设计和三阶段设计（雷凌华，2018），如图4-1所示。技术成熟的中小型风景园林工程项目，一般采用两阶段设计。两阶段设计又可分为方案设计、施工图设计和初步设计、施工图设计。重大的风景园林工程项目，技术要求严格，工艺流程复杂，为了保证设计质量，设计过程一般采用三阶段设计。三阶段设计又可分为方案设计、初步设计、施工图设计和初步设计、技术设计、施工图设计。

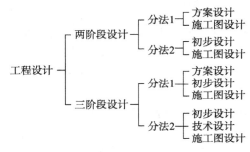

图4-1　设计阶段的分类

4.3.1.2　风景园林工程项目设计管理职责

风景园林工程项目设计管理的首要任务是将不同阶段的设计任务进行分析，明确各阶段的目标并将其逐步细化，绘制详细的任务分解表，保证各阶段的设计管理工作都有明确的责任主体。工程设计管理各参与方的职责分配见表4-1所列。

4.3.2　风景园林工程项目方案设计管理

4.3.2.1　风景园林工程项目方案设计主要内容

方案设计一般在项目建议书批准后进行，是可行性研究的主要组成部分。小型工程可用方案设计代替可行性研究及初步设计。风景园林工程项目方案是由设计师根据项目所在区域的自然条件、人文条件提出的具有可持续进行的成型构思的文本呈现，由设计师和建设单位共同确认的阶段性成果，是进行下一个里程碑阶段目标（即初步设计阶段完成任务）的基础（林箐等，2020）。

方案设计文件应包括下列内容：

①设计说明书　包括项目概况、设计依据、总

表4-1　风景园林工程项目设计各参与方的职责分配

设计阶段	工作任务	参与单位					
		设计单位	建设单位	审图机构	监理单位	咨询单位	招标代理机构
方案设计	设计任务书		负责				
	方案招标		组织				负责
	方案设计文件	负责	管理				
	方案优化	负责	管理				
初步设计	设计任务书		负责				
	初步设计文件	负责	组织				
	设计概算	负责	管理			审查	
施工图设计	设计任务书		负责				
	施工图设计文件	负责	组织	审查	配合		
	施工图预算	负责	管理			审查	

体构思、各专业设计说明，以及投资估算等内容。

②设计图纸　包括总平面图、功能分区图、景观分区图、种植设计图、竖向设计图、园路设计图、主要景点设计图及相关专业设计图纸。

③设计委托或设计合同中规定的透视图、鸟瞰图等。

4.3.2.2　风景园林工程项目方案设计管理要点

风景园林工程项目方案设计应满足方案审批或报批、编制初步设计和控制概算的需要，在方案设计管理时重点控制方案的设计依据、设计说明、设计图纸、投资估算和主要技术经济指标五个方面。

(1) 设计依据

重点审查设计依据的完整性与准确性，包括：

①与工程设计有关的依据性文件的名称和文号，如选址及环境评价报告、用地红线图、政府有关主管部门对立项报告的批文、设计任务书或协议书等。

②设计所执行的主要法规和所采用的主要标准。

③设计基础资料，如气象、地形地貌、水文地质、抗震设防烈度、区域位置等。

④有关主管部门对项目设计的要求，如对总平面布置、环境协调、设计风格等方面的要求。

(2) 设计说明

重点审查设计说明的完整性与合理性，包括总图设计说明、竖向设计说明、种植设计说明、硬质景观设计说明、建筑设计说明、给水排水设计说明、电气设计说明等。

(3) 设计图纸

重点审查设计图纸的完整性与规范性，包括总平面设计、竖向设计、种植设计、硬质景观设计、建筑设计、给水排水设计、电气设计等。

(4) 投资估算

重点审查投资估算的完整性与准确性，包括：

①投资估算编制说明　包括项目概况、编制依据、编制方法、编制范围、其他必要说明的问题等内容。

②总投资估算表　包括工程费用、工程建设其他费用、预备费及列入项目估算总投资中的相关费用。

③造价指标　包括计量指标单位、数量、单位造价。

(5) 主要技术经济指标

重点审查总用地面积，道路、铺地、广场占地面积，总建筑面积，建筑占地面积，绿地总面积，水体总面积等技术经济指标。

4.3.3　风景园林工程项目初步设计管理

4.3.3.1　风景园林工程项目初步设计主要内容

初步设计是根据批准的可行性研究报告、设计委托合同，在进行必要的工程勘察取得可靠的资料基础上，对方案设计比选优化后的进一步深化设计。

初步设计文件应包括下列内容：

①设计说明书，包括设计总说明、各专业设计说明以及所涉及的专项或专篇内容。

②有关专业的设计图纸。

③主要设备或材料表。

④工程概算书。

⑤有关专业计算书。

4.3.3.2　风景园林工程项目初步设计管理要点

风景园林工程项目初步设计应满足初步设计审批、编制施工图设计文件、编制施工招标文件和主要设备材料订货的需要。在初步设计管理时重点控制方案总图设计、竖向设计、种植设计、硬质景观设计、建筑设计、给水排水设计、电气设计和工程概算八个方面。

(1) 总图设计

①设计说明　重点审查总图设计是否执行有关主管部门对本工程批示的规划许可技术条件，以及对总平面布局、周围环境、空间处理、交通组织、环境保护、文物保护、分期建设等方面的特殊要求。

②设计图纸　重点审查设计是否考虑场地内

保留的地形、地物与设计内容的关系，场地周边道路、建筑物、构筑物、水体、山体、绿地之间的关系，场地内各种市政管线、管沟与建筑物、构筑物之间的关系；审查设计图例、指北针或风玫瑰图、比例尺是否规范。

（2）竖向设计

①设计说明　重点审查竖向设计是否说明了场地地形特点、土壤及地质主要情况，如何利用地形进行竖向布置，竖向布置的方式，地表雨水的收集利用及排除方式，地形总体设计空间效果，换填土的区域及要求，土石方工程量等。

②设计图纸　重点审查场地四邻的道路、地面、水面的关键性标高，设计地形的等高（深）线，主要建筑物和构筑物的设计标高，场地周边道路、建筑物、水体、山体、绿地等主要控制标高，场地出入口的控制标高，主要道路、广场的起点、变坡点、转折点和终点的设计标高。

（3）种植设计

①设计说明　重点审查是否对种植设计的分区、分类和植物景观要求、植物配置要求、栽植土壤要求等进行了充分说明。

②设计图纸　重点审查种植设计总平面图和分区平面图，上木图（乔木）和下木图（灌木、地被），不同植物类别（如乔木、灌木、藤本、竹类、花境、草坪等）的位置和范围，主要植物的名称，主景面及局部重要节点的立面图。

（4）硬质景观设计

①设计说明　重点审查是否说明主要景观建筑物、主要景观小品（如墙、台、架、园桥、栏杆、花坛、座椅等）、场地铺装等元素的主要功能、设计风格，主要构造形式及特点，面层材料的色彩、材质，新技术、新材料的采用情况等。

②设计图纸　重点审查各项硬质景观的平面图、立面图、剖面图等。其中，铺装设计图除审查铺装形状、材料外，还应审查铺装花饰、颜色等。

（5）建筑设计

①设计说明　重点审查总平面设计构思及指导思想，建筑空间组织及其与四周环境的关系，建筑主要特征，建筑主要技术经济指标，交通组织，无障碍设施布置及防灾措施。

②设计图纸　重点审查总平面图，局部总平面图，单体建筑平面图、立面图、剖面图、结构平面布置图、基础平面图，以及建筑节能与结构计算书。

（6）给水排水设计

①设计说明　重点审查给水系统的供水水源，各类用水系统的划分及组合情况，分质分压供水情况，灌溉系统的灌溉制度、灌溉方式、控制方式、设置范围、供水方式、灌溉设备参数、加压设备参数及运行要求，消防设施设置范围、设计参数、供水方式、设备参数及运行要求，冷雾系统的设置范围、设计参数、供水方式、设备参数及运行要求，设计采用的排水制度和排水出路，生活排水系统的排水量，雨水系统设计采用的暴雨强度公式、重现期、雨水排水量，雨水控制与利用系统等。

②设计图纸　重点审查给水排水总平面图、给水排水管道平面位置（干管的管径、流水方向、洒水栓、消火栓井、水表井、检查井、化粪池等其他给排水构筑物等）、设备平面布置图、水处理流程图，主要设备表和计算书。

（7）电气设计

①设计说明　重点审查本专业的设计内容，与照明专项设计、智能化专项设计等相关专项设计的分工与分工界面，拟设置的电气系统。

②设计图纸　重点审查配电干线系统图、箱变及主要配电箱系统图，供配电及照明总平面图，智能化总平面图，智能化干线系统图及各子系统的系统框图，主要设备表和计算书。

（8）工程概算

重点审查概算文件的完整性、规范性与合理性。概算文件应单独成册，由封面、扉页、编制说明、项目概算汇总表、单项或单位工程概算书等内容组成；概算编制说明应包括工程概况、编制依据、编制范围、其他特殊问题、概算成果等。

4.3.4 风景园林工程项目施工图设计管理

4.3.4.1 风景园林工程项目施工图设计主要内容

施工图设计是工程设计的最后阶段,需要表达全部设计意图,完成所有设计细节,提供设备清单和材料用量,能编制出工程预算,详细程度和设计深度要满足工程施工的要求。其主要内容包括:

①合同要求所涉及的所有专业的设计图纸(含图纸目录、说明和必要的设备、材料表等),以及图纸总封面。

②当涉及专项或专篇内容时,其设计说明及图纸应有相应设计内容。

③合同要求的工程施工图预算书。

④各专业计算书。

4.3.4.2 风景园林工程项目施工图设计管理要点

风景园林工程项目施工图设计应满足设备材料采购、非标准设备制作和施工的需要。在施工图设计管理时重点控制总图设计、竖向设计、种植设计、硬质景观设计、建筑设计、结构设计、给水排水设计、电气设计和施工图预算九个方面。

(1) 总图设计

①设计说明 重点审查项目设计依据及基础资料,场地概况、总平面布置的原则、交通组织的原则、技术经济指标等。

②设计图纸 重点审查总平面图、索引图、定位图、铺装总平面图、设施家具标识布置图等。

(2) 竖向设计

①设计说明 重点审查设计高程、竖向设计总体效果要求、设计地形与原有地形的关系、土方造型要求、土方平衡情况、防灾措施等方面的说明。

②设计图纸 重点审查竖向设计平面图、地形剖面图、土方工程图等。

(3) 种植设计

①设计说明 重点审查种植设计理念、设计原则和对植物景观的要求,各类乔木、灌木、藤本、竹类、地被、草坪等配置要求,树木与建筑物、构筑物、管线间距的规定及要求,树穴及树木支撑的要求,植物材料的选择要求。

②设计图纸 审查局部重点区域的种植设计平面图、立面图、剖面图及效果图。

(4) 硬质景观设计

①设计说明 重点审查设计标高,材料说明,防水、防潮做法说明,新材料、新技术做法及特殊造型要求等。

②设计图纸 重点审查各项详图,如水景详图、铺装详图、景观构筑物详图等。

(5) 建筑设计

①设计说明 重点审查设计坐标系统,工程做法及要求,室内装修做法,工程配合说明,新技术、新材料和新工艺的做法说明,特殊建筑造型和必要的建筑构造的说明,防火设计,防水工程,无障碍设计说明,建筑节能设计和绿色建筑设计等。

②设计图纸 重点审查单体建筑详图,如内外墙、屋面等节点详图、楼梯、电梯、厨房、卫生间、阳台等局部平面图和构造详图,室内外装饰方面的构造、线脚、图案,幕墙工程、金属、玻璃构件定位和建筑控制尺寸。

(6) 结构设计

①设计说明 重点审查设计依据,高程体系,钢筋与型钢代码,抗震、防火分类等级,混凝土环境类别,楼屋面荷载、风荷载、雪荷载、栏杆荷载及检修荷载,结构材料等。

②设计图纸 重点审查基础平面图、基础详图、结构平面图、结构详图、节点构造详图、结构计算书等。

(7) 给水排水设计

①设计说明 重点审查主要设备、管材、器材、阀门的选型,管道敷设、设备、管道的基础,管道、设备的防腐蚀、防冻和防结露、保温,管道、设备的试压和冲洗,需专项设计及二次深化设计系统要求等方面的说明。

②设计图纸 重点审查给水排水管道节点图,给水排水设备房、水池配管及详图等。

（8）电气设计

①设计说明　重点审查电气系统的施工要求和注意事项，防雷接地与安全防护，电气节能与环保措施，相关专业的技术接口要求，智能化设计要求等。

②设计图纸　重点审查电气专业各终端设备的设置协调统一性。

（9）施工图预算

重点审查施工图预算编制的完整性，要求不漏项、不重复计项。施工图预算文件应由封面、扉页、编制说明、建设项目预算汇总表、单项或单位工程预算书等内容组成，其中，编制说明应包括编制依据、工程概况、预算编制范围、其他特殊问题的说明和经济技术指标等。

4.3.5　风景园林工程项目设计收费管理

风景园林工程项目设计费是指设计单位根据建设单位的委托，提供编制初步设计文件、施工图设计文件、非标准设备设计文件、施工图预算文件、竣工图文件等服务所收取的费用。风景园林工程项目设计收费采取单项工程概算投资额度分档定额计费的方法计算。

4.3.5.1　计算公式

工程设计收费＝工程设计收费基准价×
（1±浮动幅度值）

工程设计收费基准价＝基本设计收费＋
其他设计收费

基本设计收费＝工程设计收费基价×专业调整系数×工程复杂程度调整系数×附加调整系数

4.3.5.2　计算公式说明

（1）工程设计收费基准价

工程设计收费基准价是指按照收费标准计算出的工程设计基准收费额，建设单位和设计单位可根据实际情况，在规定的浮动幅度内协商确定工程设计收费合同额。

（2）基本设计收费

基本设计收费是指在工程设计中提供编制初步设计文件、施工图设计文件所收取的费用，并相应提供设计技术交底、解决施工中的设计技术问题、参加试运行和竣工验收等服务。

（3）其他设计收费

其他设计收费是指根据工程设计实际需要或者建设单位要求提供相关服务收取的费用，包括总体设计费、主体设计协调费、采用标准设计和复用设计费、非标准设备设计文件编制费、施工图预算编制费、竣工图编制费等。

（4）工程设计收费基价

工程设计收费基价是完成基本服务的价格。工程设计收费基价可在《工程设计收费基价表》（表4-2）中查找确定，计费额处于两个数值区间的，采用直线内插法确定。

表4-2　工程设计收费基价表　　万元

序号	工程费用	收费基价
1	200	7.7
2	500	17.8
3	1000	33.0
4	3000	88.2
5	5000	139.3
6	8000	212.2
7	10 000	259.1
8	20 000	481.8
9	40 000	896.6
10	60 000	1287.9
11	80 000	1666.1
12	100 000	2034.4
13	200 000	3783.2
14	400 000	7035.2
15	600 000	10 112.9
16	800 000	13 082.7
17	1 000 000	15 974.7
18	2 000 000	29 706.6

注：计费额>2 000 000万元，以计费额乘以1.36%的收费率计算收费基价。

（5）工程设计收费计费额

工程设计收费计费额为经过批准的建设项目初步设计概算中的建筑安装工程费、设备与工器具购置费和联合试运转费之和。

（6）专业调整系数

专业调整系数是指对不同专业建设项目的工程设计复杂程度和工作量差异进行调整的系数。园林绿化工程专业调整系数为1.1。

（7）工程复杂程度调整系数

工程复杂程度调整系数是对同一专业不同建设项目的工程设计复杂程度和工作量差异进行调整的系数。工程复杂程度分为一般、较复杂和复杂三个等级（表4-3），其调整系数分别为一般（Ⅰ级）0.85、较复杂（Ⅱ级）1.0、复杂（Ⅲ级）1.15。

表4-3　园林绿化工程复杂程度

等级	工程设计条件
Ⅰ级	①一般标准的道路绿化工程 ②片林、风景林等工程
Ⅱ级	①标准较高的道路绿化工程 ②一般标准的风景区、公共建筑环境、企事业单位与居住区的绿化工程
Ⅲ级	①高标准的城市重点道路绿化工程 ②高标准的风景区、公共建筑环境、企事业单位与居住区的绿化工程 ③公园、度假村、高尔夫球场、广场、街心花园、园林小品、屋顶花园、室内花园等绿化工程

思考题

1. 简述风景园林工程项目勘察的主要内容。
2. 风景园林工程项目勘察步骤有哪些？
3. 简述风景园林工程项目方案设计的主要内容与管理要点。
4. 简述风景园林工程项目初步设计的主要内容与管理要点。
5. 简述风景园林工程项目施工图设计的主要内容与管理要点。
6. 风景园林工程项目设计如何收费？

推荐阅读书目

1. 风景园林设计构成原理. 张瑞超，段渊古. 中国林业出版社，2023.
2. 风景园林设计与绿化建设研究. 张红英，靳凤玲，秦光霞. 四川科学技术出版社，2022.

拓展阅读

零碳科技绿

2005年8月15日，时任浙江省委书记的习近平在余村首次提出"绿水青山就是金山银山"理念。自此，余村坚定地守护着一抹"绿"，坚持探索首个全要素零碳乡村。如今，这一抹"绿"持续渲染开去，蜕变为零碳科技绿（中共湖州市委党史研究室，2020）。

在"余村印象"前的大草坪，科技绿是三株"生命之树"。白天树叶顶部的光伏膜将太阳能转化为电能储存起来，到晚上呈现出绚丽的灯光秀，蓝绿色的灯光脉络隐喻着植物的能量传输。

在青年图书馆入口处，科技绿是名叫"碳宝"的"会说话的垃圾桶"。只要跟"碳宝"对话，告诉它垃圾名称，对应的分类桶盖就会自动打开，解答垃圾分类的问题。

在动车商铺前的大草坪区域，科技绿是有趣的零碳虚拟骑行装置。玩考验团队协作的"骑行游戏"，和同伴一起"闯关发电"。

在道路两边，科技绿是便捷有趣的光伏导览大屏。通过数字人语音交互的方式向游客介绍余村文化、游玩路线推荐。

第5章 风景园林工程项目招投标管理

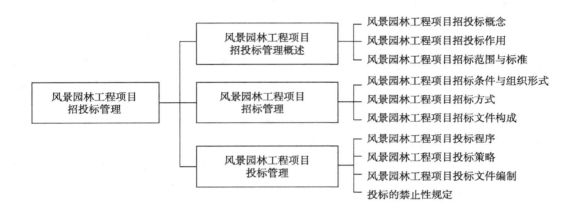

学习目标

初级目标：熟悉招投标概念、招投标作用、招标范围、招标标准、招标条件、招标文件构成、投标程序、投标文件构成、投标禁止性规定等知识性内容。

中级目标：辨析公开招标与邀请招标的具体适用情形，辨析建设单位自主招标与委托代理招标的适用情形，辨析投标策略的适用情形，会应用决策树进行投标决策。

高级目标：会规范编制招标公告、招标文件与投标文件。

任务导入

××市江河汇城市综合体汇中区块东岸公园工程施工已由××市发展和改革委批准建设，建设资金来自国有自筹，出资比例为100%，项目业主为××市钱江新城建设开发有限公司，招标人为××市钱江新城建设开发有限公司，委托代理机构为××市建大工程管理咨询有限公司。项目已具备招标条件，现对该项目的施工进行公开招标。

请思考：项目招标应具备的条件和公开招标的适用情形。

5.1 风景园林工程项目招投标管理概述

5.1.1 风景园林工程项目招投标概念

风景园林工程项目招标是指招标人根据工程项目的规定、内容、条件和要求拟定招标文件，通过不同的招标方式和程序发出公告，邀请符合投标条件的风景园林相关公司前来参加该项目的投标竞争，根据投标单位的工程质量、工期及报价，择优选择项目承包商的一种交易行为。

风景园林工程项目投标是指风景园林相关公司根据招标文件的要求，结合自身条件及风景园林市场供求信息，对拟投标项目进行估价计算、填写清单、实质性响应工期和质量保证等措施，然后按规定的时间和程序报送投标文件，在竞争中获求承包工程项目资格的过程。

5.1.2 风景园林工程项目招投标作用

招投标制度是社会主义市场经济体制的重要组成部分，对于充分发挥市场在资源配置中的决定性作用，更好发挥政府作用，深化投融资体制改革，提高国有资金使用效益，预防和惩治腐败具有重要意义（方洪涛 等，2020）。

5.1.2.1 提高经济效益和社会效益

我国社会主义市场经济的基本特点是要充分发挥竞争机制的作用，使市场主体在平等条件下公平竞争，优胜劣汰，从而实现资源的优化配置。招投标是市场竞争的一种重要方式，通过招标采购，让众多投标人进行公平竞争，以最低或较低的价格获得最优的货物、工程或服务，从而达到提高经济效益和社会效益、提高招标项目的质量、提高国有资金使用效率、推动投融资管理体制和各行业管理体制改革的目的。

5.1.2.2 提升企业竞争力

促进风景园林工程企业转变经营机制，提高企业的创新活力，积极引进先进技术和管理理念，提高企业生产、服务的质量和效率，不断提升企业市场信誉和竞争力。

5.1.2.3 健全市场经济体系

维护和规范市场竞争秩序，保护当事人的合法权益，提高市场交易的公平度、满意度和可信度，促进社会和企业的法治、信用建设，促进政府转变职能，提高行政效率，建立健全现代市场经济体系。

5.1.2.4 惩治贪污腐败

有利于保护国家和社会公共利益，保障合理、有效使用国有资金和其他公共资金，防止其浪费和流失，构建从源头预防腐败交易的社会监督制约体系。

5.1.3 风景园林工程项目招标范围与标准

5.1.3.1 风景园林工程项目招标范围

在中华人民共和国境内进行风景园林工程的新建、改建、扩建及其相关的装修、拆除、修缮等，其项目的勘察、设计、施工、监理，以及为实现风景园林工程基本功能所必需的设备、材料采购，必须进行招标。具体包括以下项目：

①大型基础设施、公用事业等关系社会公共利益、公众安全的项目。

②全部或者部分使用国有资产投资或者国家融资项目。

③使用国际组织或者国外政府贷款、援助资金的项目。

5.1.3.2 风景园林工程项目招标标准

在上述招标范围内的风景园林工程项目，其勘察、设计、施工、监理以及与工程建设有关的重要设备、材料等的采购达到下列标准之一的，必须招标：

①施工单项合同估算价在400万元人民币以上。

②重要设备、材料等货物的采购，单项合同

估算价在200万元人民币以上。

③勘察、设计、监理等服务的采购，单项合同估算价在100万元人民币以上。

同一项目中可以合并进行的勘察、设计、施工、监理，以及与工程建设有关的重要设备、材料等的采购，合同估算价合计达到上述规定标准的，必须招标。

5.2 风景园林工程项目招标管理

5.2.1 风景园林工程项目招标条件与组织形式

5.2.1.1 风景园林工程项目招标条件

风景园林工程项目招标应当具备以下条件：
①概算已获批准。
②建设项目已经正式列入国家、部门或地方的年度固定资产投资计划。
③建设用地的征用工作已经完成。
④有能够满足施工需要的施工图纸及技术资料。
⑤建设资金来源已经落实。
⑥已经建设项目所在地规划部门批准，施工现场"三通一平"已经完成或一并列入施工招标范围。

5.2.1.2 风景园林工程项目招标组织形式

（1）自主招标

招标人具有编制招标文件和组织评标能力的，可以自行办理招标事宜，具体条件如下：
①招标单位是法人或依法成立的其他组织。
②有与招标工程相适应的经济、技术、管理人员。
③有组织招标的能力。
④有审查投标单位资质的能力。
⑤有组织开标、评标、定标的能力。

上述五条中，①②项是对招标单位资格的规定，③~⑤项则是对招标人能力的要求，不具备上述②~⑤项条件的，须委托具有相应资质的单位代理招标。招标人自行办理招标事宜的，应当向有关行政监督部门备案。

（2）委托招标

招标人有权自行选择招标代理机构，委托其办理招标事宜。任何单位和个人不得以任何方式为招标人指定招标代理机构。

招标代理机构应当具备下列条件：
①有从事招标代理业务的营业场所和相应资金。
②有能够编制招标文件和组织评标的相应专业力量。

5.2.2 风景园林工程项目招标方式

5.2.2.1 公开招标

公开招标又称无限竞争招标，是由招标单位通过规定媒介发布招标信息，吸引众多的投标人参加投标竞争，招标人从中择优选择中标单位的招标方式（刘树红 等，2021）。

招标人采用公开招标方式的，应当发布招标公告。招标人采用资格预审办法对潜在投标人进行资格审查的，应当发布资格预审公告和编制资格预审文件。

5.2.2.2 邀请招标

邀请招标也称选择性招标或有限竞争招标（徐水太，2022），是指招标人以投标邀请书的方式邀请3个以上具备承担招标项目的能力、资信良好的特定的法人或者其他组织投标。

在投标邀请书中应当载明招标人的名称、招标项目的性质、数量、实施地点和时间，以及获取招标文件的办法等事宜。

由于被邀请的参加竞争的投标人数有限，把许多可能的竞争者排除在外，被认为不完全符合自由竞争机会均等的原则。因此，采用邀请招标有严格的限制条件。

依法必须进行招标的项目应当公开招标，但有下列情形之一的，可以邀请招标：
①技术复杂、有特殊要求或者受自然环境限

制，只有少量潜在投标人可供选择。

②采用公开招标方式的费用占项目合同金额的比例过大。

5.2.3 风景园林工程项目招标文件构成

招标文件是整个招标过程的基础性文件，是投标和评标的基础，也是发、承包合同的组成部分。依法必须招标项目的招标文件，应当使用国家或行业规定的标准文本，根据项目的具体特点与实际需要编制。

中国风景园林学会团体标准《园林绿化工程施工招标示范文本》（T/CHSLA 100005—2020）由招标公告或投标邀请书、投标人须知、评标办法、合同条款及格式、招标工程量清单、图纸、技术标准与要求等部分构成。

5.2.3.1 招标公告

招标公告适用于公开招标，其内容应当真实、准确和完善。招标公告一经发出即构成招标活动的要约邀请，招标人不得随意更改。

招标公告应当载明招标项目名称、内容、范围、规模、实施地点和时间、项目资金来源和落实情况；投标资格条件要求，以及是否接受联合体投标；获取招标文件的时间、方式；递交投标文件的截止时间、方式；评标方法、定标方法；招标人及其招标代理机构的名称、地址、联系人及联系方式；招标人要求投标人提供投标担保、中标人提供履约担保的，应当在招标文件中载明；采用电子招标投标方式的，潜在投标人访问电子招标投标交易平台的网址和方法；其他依法应当载明的内容。

5.2.3.2 投标邀请书

投标邀请书适用于邀请招标与采用资格预审的公开招标。

邀请招标的投标邀请书是向特定的潜在投标人发出邀请，其载明的内容与招标公告应当载明的内容相同。采用资格预审公开招标的投标邀请书，又称为代资格预审通过通知书，其载明的内容主要有招标文件获取的时间与方式、投标文件递交截止时间与方式。

5.2.3.3 投标人须知

投标人须知是风景园林工程招标文件的重要组成部分，主要是告知投标人投标时有关注意事项，包括前附表、招标总则、招标文件、投标文件、投标、开标、评标、合同授予、重新招标、纪律与监督、异议与投诉等内容。

（1）前附表

前附表是将投标人须知中的关键内容和数据摘要列表，起到强调和提醒的作用，为投标人迅速掌握投标人须知内容提供方便，但必须与招标文件相关章节内容衔接一致。

（2）招标总则

招标总则主要包括项目概况、资金来源和落实情况、招标范围、要求工期、质量要求、投标人资格条件要求、投标费用承担、保密要求、语言文字、计量单位、踏勘现场、分包规定、投标偏离等事项。

（3）招标文件

对招标文件所作的澄清、修改，构成招标文件的组成部分。当招标文件、招标文件的澄清或修改等对同一内容的表述不一致时，以最后发出的书面文件为准。

①招标文件的澄清　在投标人须知前附表规定的投标截止时间15日前以书面形式发给所有获取了招标文件的投标人。如果澄清发出的时间距提交投标文件的截止时间不足15日，且澄清的内容可能影响投标文件编制的，招标人应当顺延提交投标文件的截止时间。

②招标文件的修改　在投标截止时间15日前，招标人可以书面形式修改招标文件。如果修改招标文件的时间距提交投标文件截止时间不足15日，且修改内容影响投标文件编制，招标人应当顺延提交投标文件的截止时间。修改内容与原招标文件具有同等的效力，当修改内容与原招标文件的内容有矛盾时，以日期在后者为准。

潜在投标人或者其他利害关系人对招标文件

及澄清或修改文件的内容有异议的，应当在投标截止时间10日前提出。招标人应当自收到异议之日起3日内作出答复；作出答复前，应当暂停招标投标活动。

（4）投标文件

①投标文件的组成　投标文件应包括下列内容：投标函及投标函附录，法定代表人身份证明或附有法定代表人身份证明的授权委托书，联合体投标协议书（如果有），投标保证金，已标价工程量清单，施工组织设计，项目管理机构，拟分包计划，资格审查资料，投标人须知前附表规定的其他材料。

②投标报价　执行投标人须知前附表中规定的工程计价方式。当招标工程项目设置最高投标限价时，投标报价不得超过最高投标限价，否则其投标将按无效投标处理。

③投标有效期　是为保证招标人有足够的时间在开标后完成评标、定标、合同签订等工作而要求投标人提交的投标文件在一定时间内保持有效的期限。投标有效期从提交投标文件的截止之日起开始计算，一般项目投标有效期为60~90天。在规定的投标有效期内，投标人不得要求撤销或修改其投标文件。出现特殊情况需要延长投标有效期的，招标人以书面形式通知所有投标人延长投标有效期。投标人同意延长的，应相应延长其投标保证金的有效期；投标人拒绝延长的，其投标失效。

④投标保证金　投标人在递交投标文件的同时，应按招标文件规定的金额、担保形式和投标文件格式规定的投标保证金格式递交投标保证金，并作为其投标文件的组成部分。联合体投标的，其投标保证金由牵头人递交，并应符合投标人须知前附表的规定。投标保证金不得超过招标项目估算价的2%。投标保证金有效期应当与投标有效期一致。投标人不按要求提交投标保证金的，其投标文件做废标处理。

招标人与中标人签订合同后5日内，向未中标的投标人和中标人退还投标保证金。有下列情形之一的，投标保证金将不予退还：投标人在规定的投标有效期内撤销或修改其投标文件；中标人在收到中标通知书后，无正当理由拒签合同协议书或未按招标文件规定提交履约担保。

⑤投标文件的编制　投标文件应按投标文件格式进行编写，投标文件应当对招标文件有关工期、投标有效期、质量要求、技术标准和要求、招标范围等实质性内容作出响应。投标文件应由投标人的法定代表人或其委托代理人按照招标文件中投标文件格式中的要求签字或盖单位公章。委托代理人签字的，投标文件应附法定代表人签署的授权委托书。

投标文件正本一份，副本份数见投标人须知前附表。正本和副本的封面上应清楚地标记"正本"或"副本"字样。当副本和正本不一致时，以正本为准。

（5）投标

①投标文件密封与标记　所有纸质投标文件应装入投标人自制的密封袋（或密封箱），在封口处粘贴投标人自制的封条，并盖投标人单位公章。电子投标文件应按要求加密。

②投标文件递交　在投标截止时间前递交投标文件，招标人收到投标文件后，向投标人出具签收凭证。逾期送达的投标文件，招标人不予受理。投标人通过电子招标投标交易平台递交电子投标文件的，投标人完成电子投标文件上传后，电子招标投标交易平台即时向投标人发出递交回执通知。递交时间以递交回执通知载明的传输完成时间为准。

③投标文件的修改与撤回　在投标截止时间前，投标人可以修改或撤回已递交的投标文件，但应以书面形式通知招标人。投标截止时间前未完成投标文件传输的，视为撤回投标文件。修改的内容为投标文件的组成部分。修改的投标文件应按照规定进行编制、密封、标记和递交，并标明"修改"字样。

（6）开标

开标由招标人主持，在招标文件规定的地点和提交投标文件截止时间的同一时间，邀请所有投标人参加，公开宣布全部投标人的名称、投标价格及投标文件中其他主要内容。实行电子开标的，需要投标人在线解密投标文件的，投标人应当在线解密，不在线解密视为放弃投标。

开标过程应当记录，并存档备查。投标人对开标有异议的，应当在开标现场提出，招标人应当场作出答复，并记录。

（7）评标

评标工作由招标人依法组建的评标委员会按照招标文件约定的评标方法、标准，依据评标原则对投标单位的报价、工期、质量、施工方案或施工组织设计、业绩、社会信誉、优惠条件等方面进行综合评价。评标委员会由招标人代表和有关技术、经济等方面的专家组成，成员人数为5人以上单数，其中，技术、经济等方面的专家不得少于成员总数的2/3。

（8）合同授予

①定标方式　除投标人须知前附表规定评标委员会直接确定中标人外，招标人应根据评标委员会提出的书面评标报告和推荐的中标候选人按照投标人须知前附表中规定的定标方法确定中标人。

②中标候选人公示　招标人应当自收到评标报告之日起3日内公示中标候选人，公示期不得少于3日。公示的内容至少应载明中标候选人名称、投标报价、质量、工期，以及评标情况和提出异议的渠道和方式。

③中标结果公示　中标候选人公示期满后，无投标人或其他利害关系人投诉，监管部门没有发现招投标活动中存在违法违规行为的，招标人在规定的投标有效期内，以书面形式向中标人发出中标通知书，同时将中标结果通知未中标的投标人。

④履约担保和支付担保　在签订合同前，中标人应按招标文件规定的金额、担保形式和担保格式向招标人提交履约担保。联合体中标的，其履约担保由联合体牵头人递交，并对联合体各成员具有约束力。

招标人要求中标人缴纳履约担保的，应当向中标人提供合同价款支付担保。

⑤签订合同　招标人和中标人应当在自中标通知书发出之日起30日内，根据招标文件和中标人的投标文件订立书面合同。

（9）重新招标

有下列情形之一的，招标人将重新招标：

①至投标截止时间止，投标人少于3个的；

②经评标委员会评审后否决所有投标的；

③中标人放弃中标、不能履行合同、不按照招标文件的要求提交履约保证金，或者被查实存在影响中标结果的违法行为等不符合中标条件情形的，招标人可以根据评标委员会提出的书面评标报告和推荐的中标候选人名单，重新确定其他中标候选人为中标人，确定其他中标候选人与招标人预期差距较大，或者对招标人明显不利的；

④所有中标候选人放弃中标，因不可抗力提出不能履行合同或者招标文件规定应当提交承包履约保证担保而在规定的期限内未能提交的。

（10）纪律与监督

①对招标人的纪律要求　招标人不得泄露招投标活动中应当保密的情况和资料，不得与投标人串通损害国家利益、社会公共利益或者他人合法权益。

②对投标人的纪律要求　投标人不得相互串通投标或者与招标人串通投标，不得向招标人或者评标委员会成员行贿谋取中标，不得以他人名义投标或者以其他方式弄虚作假骗取中标；投标人不得以任何方式干扰、影响评标工作。

③对评标委员会成员的纪律要求　评标委员会成员不得收受他人的财物或者其他好处，不得向他人透漏对投标文件的评审和比较、中标候选人的推荐情况，以及评标有关的其他情况。在评标活动中，评标委员会成员不得擅离职守，影响评标程序正常进行。

④对与评标活动有关的工作人员的纪律要求　与评标活动有关的工作人员不得收受他人的财物或者其他好处，不得向他人透漏对投标文件的评审和比较、中标候选人的推荐情况以及评标有关的其他情况。在评标活动中，与评标活动有关的工作人员不得擅离职守，影响评标程序正常进行。

⑤监督　招标投标活动及其相关当事人应当接受有管辖权的园林绿化工程招标投标行政监督

部门依法实施的监督。

（11）异议与投诉

异议与投诉遵从《中华人民共和国招标投标法》《中华人民共和国招标投标法实施条例》以及《工程建设项目招标投标活动投诉处理办法》等有关法律、法规等。

5.2.3.4 评标办法

评标办法是评标委员会的评标专家在评标过程中对所有投标文件的评审依据。评标办法可分为经评审的最低投标价法和综合评估法两类（方洪涛 等，2020）。

（1）经评审的最低投标价法

经评审的最低投标价法一般适用于具有通用技术、性能标准或者招标人对其技术、性能没有特殊要求，工程质量、工期、成本受施工技术管理方案影响较小的招标项目。如单一苗木栽植、树木迁移等。

经评审的最低投标价法的具体做法为：评标委员会对满足招标文件实质性要求的投标文件，根据规定的量化因素及量化标准进行价格折算，按照经评审的投标价由低到高的顺序推荐中标候选人，或根据招标人授权直接确定中标人，但投标报价低于其成本的除外。

（2）综合评估法

综合评估法适用于技术、性能有一般要求或较多要求的园林绿化工程施工招标。技术、性能有一般要求的如包含园林绿化植物栽植、地形整理、园林设备安装、小品、花坛、园路、水系、驳岸、绿地广场等三项（含）以下施工内容的园林绿化工程。技术、性能有较多要求如包含建筑面积300m²以下单层配套建筑、喷泉、假山、雕塑、园林景观桥梁其中一项施工内容的园林绿化工程，或包含园林绿化植物栽植、地形整理、园林设备安装、小品、花坛、园路、水系、驳岸、绿地广场等三项以上施工内容的园林绿化工程。

5.2.3.5 合同条款及格式

使用住房和城乡建设部、原国家工商行政管理总局（现国家市场监督管理总局）制定的《园林绿化工程施工合同示范文本（试行）》(GF–2020–2605)及当地建设主管部门颁发的施工合同专用条款（范本）。

5.2.3.6 招标工程量清单

招标工程量清单是依据《建设工程工程量清单计价规范》(GB 50500—2013)、《园林绿化工程工程量计算规范》(GB 50858—2013)、《仿古建筑工程工程量计算规范》(GB 50855—2013)及施工图纸等编制。包括招标工程量清单封面、招标工程量清单、工程项目报价汇总表、单位工程报价汇总表、组织措施项目（整体）清单及计价表、组织措施项目（专业工程）清单及计价表、安全文明施工措施项目清单及计价表、其他项目清单及计价表、计日工表、总承包服务费项目及计价表、主要工日价格表、主要材料及设备价格表、主要机械台班价格表等。

5.2.3.7 图纸

包括目录、设计总说明、总图、定位图、竖向设计图、种植设计图、铺装设计图、水系设计图、园林建筑设计图、给排水设计图、电气管线设计图、节点设计详图、苗木表等，图纸部分可另册装订。

5.2.3.8 技术标准和要求

由招标人根据风景园林工程的具体情况而定，主要包括工程概况，现场条件和周围环境，地质及水文资料，承包范围，工期，质量，进度，适用规范和标准，安全文明施工，治安保卫，原有树木保护，地上、地下设施和周边建筑物的临时保护，园林用水，材料和工程设备，工程竣工验收等。

5.2.3.9 投标文件格式

为了便于投标文件的评比和比较，招标人在招标文件中要求投标文件的内容按一定的顺序和格式进行编写。投标文件的组成见5.2.3.3（4），此处不再赘述。

5.3 风景园林工程项目投标管理

5.3.1 风景园林工程项目投标程序

5.3.1.1 参加资格预审

资格审查方式可分为资格预审和资格后审。如招标人发布资格预审公告，则投标人需要按照《园林绿化工程施工招标资格预审文件》（T/CHSLA 100004—2020）中规定的资格预审申请文件格式认真准备申请文件，参加资格预审。

5.3.1.2 购领招标文件

投标人经资格审查合格，便可向招标人申购招标文件和有关资料，同时要按照招标文件规定的时间缴纳投标保证金。

5.3.1.3 组建投标工作机构

投标人应挑选精明能干、富有经验的人员组成投标工作机构，其成员一般应包括经营管理类、专业技术类、商务金融类三类人员。投标工作机构按招标文件确定的投标准备期着手开展各项投标准备工作。投标准备期是指从开始发放招标文件之日起至投标截止时间的期限，一般不少于20日。

5.3.1.4 研究招标文件

购领招标文件后，应认真研究文件中所列工程条件、项目范围、工期和质量要求、施工特点、合同主要条款等，掌握承包责任和报价范围。如发现含义模糊的问题，应做好书面记录，以备向招标人提出询问。

5.3.1.5 参加踏勘现场和投标预备会

踏勘现场是招标人组织潜在投标人对工程现场场地和周围环境等客观条件进行的现场勘察。投标人到现场调查，可进一步了解招标人的意图和现场周围的环境情况，以获取有用的信息并据此做出是否投标的决定，确定投标策略和投标报价。

投标预备会又称答疑会或标前会议，一般在投标截止时间15日前进行。由招标人组织并主持召开，目的在于招标人解答潜在投标人对招标文件和在踏勘现场中提出的问题。投标人应积极参加投标预备会，力求所提问题得到解答。投标预备会结束后，由招标人整理会议记录和解答内容，以书面形式将所有问题及解答内容向所有获得招标文件的潜在投资人发放，内容为招标文件的组成部分。

5.3.1.6 编制和提交投标文件

（1）进一步分析招标文件

结合已获取的有关信息认真细致地分析招标文件，尤其是重点分析投标人须知、专用条款、设计图纸、工程范围，以及招标工程量清单等。

（2）校核招标工程量清单

投标人是否校核招标文件中的招标工程量清单或校核得是否准确将直接影响投标报价和能否中标。因此，投标人应认真对待。

（3）编制施工组织设计

投标文件中的施工组织设计是一项重要内容，它是招标人对投标人能否按时、按质、按价完成工程项目的主要判断依据。一般包括施工程序、方案，施工方法，施工进度计划，施工机械、材料、设备的选定和临时生产、生活设施的安排，劳动力计划，以及施工现场平面和空间布置。

（4）投标报价

投标报价是投标的一个核心环节，投标人要根据工程价格构成对工程进行合理估价，确定切实可行的利润方针，正确计算和确定投标报价。投标人不得以低于成本的报价竞标。

（5）制作投标文件

投标文件应完全按照招标文件的要求编制。投标文件应当对招标文件提出的要求和条件作出实质性响应，一般不能带任何附加条件，否则将导致投标无效。

（6）提交投标文件

提交投标文件也称递标，是指投标人在招标

文件要求提交投标文件的截止时间前，将所有准备好的投标文件密封送达投标地点或加密后上传招投标系统平台。

5.3.1.7 出席开标会议，填写投标文件澄清函

参加开标会议对投标人来说，既是权利也是义务。投标人参加开标会议，要注意其投标文件是否被正确启封、宣读，对于被错误地认定为无效的投标文件或唱标出现的错误，应当现场提出异议。

投标文件中存在表述不清等问题的，由评标委员会向投标人发出投标文件澄清通知，投标人应积极予以说明、解释、澄清。在澄清过程中，投标人不得更改报价、工期等实质性内容。

5.3.1.8 签订合同

自中标通知书发出之日起30日内，中标人和招标人订立书面合同，并向招标人提交履约保函。中标人和招标人不得另行订立背离招标文件实质性内容的其他协议。

5.3.2 风景园林工程项目投标策略

风景园林工程项目投标策略，其实质是在保证风景园林工程质量与工期的条件下，寻求最佳投标报价的方法。

5.3.2.1 风险决策法

风险决策法是计量决策方法之一，其原理是将决策变量与决策目标之间的关系用一定的数学模型表示出来。根据目标要求和决策条件，选择合理方案。决策树法是较常用的风险决策法。

决策树法是以图解的方式分别计算各方案在不同自然状态下的益损值，通过对每种方案损益期望值的比较作出决策（张建新，2022）。

用决策树法决策时，决策问题应具备以下4个条件：

① 存在明确的目标；
② 有2个或2个以上可供选择的方案；
③ 每种方案存在着决策者不可控制的2种或2种以上的自然状态；
④ 可以计算出不同方案在不同自然状态下的期望值。

（1）决策树的结构

决策树法是利用树形结构图辅助进行决策的一种方法。决策树由以下4个部分组成。

① 决策节点　在决策树中用□代表。
② 事件节点　在决策树中用○代表。
③ 结果节点　在决策树中用△表示，它表示决策问题在某种可能情况下的结果，它旁边的数字是这种情况下的损益值。
④ 分枝　在决策树中用于连接两个节点的线段，根据分枝所处的位置不同，又可以分成方案枝和状态枝。连接决策节点和事件节点的分枝称为方案枝；连接事件节点和结果节点的分枝称为概率枝。决策树的结构如图5-1所示。

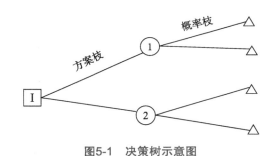

图5-1　决策树示意图

（2）决策树法的决策步骤

① 画决策树　画决策树的过程就是拟定各种方案的过程，也是进行状态分析和预估方案结果的过程。因此，首先要对决策问题的发展趋向步步深入地进行分析，然后按决策树的结构规范由左向右逐步画出决策树。

② 计算各方案的期望值　按期望值的计算方法，从图的右侧向左侧逐步进行，并将结果标示在事件节点的上方。

③ 剪枝选择方案　比较各方案的期望值，选取期望收益最大或期望损失最小的方案为最佳方案。将最佳方案的期望值写在决策节点的上方，并在其余分枝上画"//"进行剪枝，表示舍弃该方案。

【例 5-1】

某投标人面临 A、B 两项工程投标，因受本单位资源条件限制，只能选择其中一项工程投标，或者两项工程均不投标。

过去类似工程投标的经验数据如下：

A 工程投高标的中标概率为 0.3，投低标的中标概率为 0.6，编制投标文件的费用为 3 万元；B 工程投高标的中标概率为 0.4，投低标的中标概率为 0.7，编制投标文件的费用为 2 万元；各方案中标后承包效果、概率及损益值见表 5-1 所列。试用决策树法进行投标决策。

表5-1　各方案中标后承包的效果、概率及损益值

方案	效果	概率	损益值（万元）
A工程高标	好	0.3	150
	中	0.5	100
	差	0.2	50
A工程低标	好	0.2	110
	中	0.7	60
	差	0.1	0
B工程高标	好	0.4	110
	中	0.5	70
	差	0.1	30
B工程低标	好	0.2	70
	中	0.5	30
	差	0.3	-10
不投标			0

【解】

第一步：先画出决策树（图 5-2）。

第二步：节点计算期望值

节点⑥：0.3×150+0.5×100+0.2×50=105（万元）
节点⑦：0.2×110+0.7×60+0.1×0=64（万元）
节点⑧：0.4×110+0.5×70+0.1×30=82（万元）
节点⑨：0.2×70+0.5×30-0.3×10=26（万元）
节点①：0.3×105-0.7×3=29.4（万元）

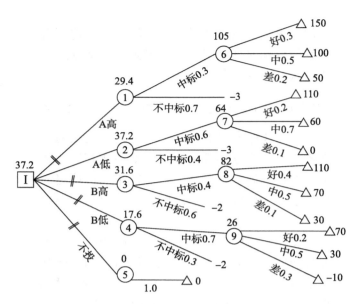

图5-2　方案决策树

节点②：0.6×64-0.4×3=37.2（万元）
节点③：0.4×82-0.6×2=31.6（万元）
节点④：0.7×26-0.3×2=17.6（万元）
节点⑤：0 万元

第三步：决策选优

比较各方案期望值的大小，选择优选方案。A 工程投低标期望值最大，为优选方案。将决策节点上方标上期望收益值 37.2 万元，并剪去其余方案枝。

5.3.2.2　不平衡报价法

不平衡报价法又称前重后轻法，是指在利用工程量清单报价过程中，在总报价基本确定的前提下，调整内部各个子项的报价，以期既不影响总报价，又能在中标后满足资金周转的需要，获得较理想的经济效益。因此，不平衡报价法要保证两个原则，即"早收钱"和"多收钱"（徐水太，2022）。

5.3.2.3　报高价与报低价法

投标人应当在考虑自身的优势、劣势和评价标准的基础上，分析招标项目的特点，按照工程项目的不同特点、类别、施工条件等来选择报高价或报低价策略（表5-2）。

表5-2　报高价与报低价策略

价格策略	适用情形
报高价	①施工条件差的工程； ②要求高的技术复杂型工程； ③价款低的小工程； ④特殊的工程； ⑤工期紧急的工程； ⑥竞争对手少的工程； ⑦付款条件不理想的工程
报低价	①施工条件好的工程； ②工程量大且技术简单的工程； ③可利用附近工程的设备、劳务或有条件短期内突击完成的工程； ④投标对手多的工程； ⑤工期不紧急的工程； ⑥支付条件好的工程

5.3.2.4　计日工报价法

计日工的单价一般可稍高于工程单价表中的工资单价，原因是计日工不属于承包总价的范围，发生时实报实销，可多获利。

5.3.2.5　多方案报价法

多方案报价法是对同一个招标项目，除了按招标文件的要求编制一个投标报价以外，还编制了一个或几个建议方案。多方案报价法有时是招标文件中规定的，如业主可能要求按某一方案报价，而后再提供几种可供选择方案的比较报价；有时是投标人自己根据需要决定采用的。投标人决定采用多方案报价法，通常有以下两种情形：

①如果工程项目范围不是很明确，条款不清楚，或很不公正，或技术规范要求过于苛刻，往往使投标人承担较大风险。投标人可先按招标文件中的合同条款报一个价，然后说明假如招标人对技术文件或合同条款做某些改变，报价可降低多少，以吸引业主。

②如果发现设计图中存在某些不合理并可以改进的地方或可以利用某项新技术、新工艺、新材料替代的地方，或者发现自己的技术和设备满足不了招标文件中设计图的要求，投标人可以先按设计图的要求报一个价，然后另附一个修改设计的比较方案，或说明在修改设计的情况下，报价可降低多少。

5.3.2.6　突然降价法

突然降价法是为了迷惑竞争对手而采用的一种竞争方法。通常的做法是，在准备投标报价的过程中有意散布一些虚假情报，如不打算参加投标或准备报高价，表现出无利可图不想参与的假象。然而，到投标截止之前几个小时，突然前往投标，并压低标价，从而使对手因措手不及而败北。

5.3.2.7　逐步升级法和扩大标价法

（1）逐步升级法

逐步升级法是将报价看作协商的开始。投标人首先对图纸进行分析，把项目中的一些难题，如特殊景观等造价高且难以事先确定的部分抛开作为调价子项，将标价降至无法与之竞争的数额（在报价单中应加以说明）。利用这种"最低标价"来吸引业主，从而取得与业主商谈的机会。由于特殊景观施工条件要求的灵活性，利用调价子项进行升级加价，以达到最后中标的目的。

（2）扩大标价法

扩大标价法是投标人针对招标项目中的某些要求不明确、工程量出入较大等有可能承担重大风险的部分提高报价，从而规避意外损失的一种投标技巧。例如，在校核工程量清单时发现某些分部分项工程的工程量、图纸与工程量清单有较大的差异，并且业主不同意调整，而投标人也不愿意让利的情况下，就可以对有差异部分采用扩大标价法报价，其余部分仍按原定策略报价。

5.3.2.8　补充优惠条件

补充优惠条件是一种行之有效的争取中标的竞争手段。投标单位在投标时，除按招标文件的要求和规定进行报价外，还可以根据自己企业的情况补充投标的优惠条件，如缩短工期、采用新型机械设备、不要求招标人提供预付款等，以增强投标竞争力，争取中标。

5.3.3 风景园林工程项目投标文件编制

5.3.3.1 投标文件的组成

投标文件，是投标人单方面阐述自己响应招标文件要求，旨在向招标人提出愿意订立合同的意思，是投标人确定和解释有关投标事项的各种书面表达形式的统称。从合同订立过程来分析，投标文件在性质上属于一种要约，其目的在于向招标人提出订立合同的意愿。投标文件是由一系列有关投标方面的书面资料组成的。一般来说，投标文件由以下9个部分组成。

（1）投标函及附录

投标函是指投标人按照招标文件的条件和要求，向招标人提交的有关报价、质量目标等承诺和说明的函件，是投标人为响应招标文件相关要求所做的概括性函件，一般位于投标文件的首要部分，其内容和格式必须符合招标文件的规定。

附录的内容主要为投标函中未体现的、招标文件中有要求的条款。

（2）法定代表人身份证明书

法定代表人身份证明书适用于法定代表人亲自投标而不委托代理人投标的情形，用以证明投标文件签字的有效性和真实性。法定代表人身份证明书应按招标文件要求的格式填写。

（3）授权委托书

授权委托书适用于法定代表人不亲自投标而委托代理人投标的情形。授权委托书记载的内容主要包括委托事项和代理权限。

（4）联合体投标协议书

如果资格预审公告或招标公告表明允许联合体投标，且资格审查申请人是联合体中的一方牵头人，还应递交联合体各方联合签署的协议。

联合体投标是指2个以上的法人或者其他组织组成一个联合体，以一个投标人的身份共同投标。参加投标的联合体各方均应具备承担招标项目的相应能力与资格条件。由同一专业的单位组成的联合体，按照资质等级较低的单位确定资质等级。联合体中标的，联合体各方应当共同与招标人签订合同，就中标项目向招标人承担连带责任。

（5）投标承诺书

投标承诺书是对投标活动中的投标行为进行承诺。

（6）投标保证金

一般来说，投标保证金可以采用现金，也可以采用现金支票、保兑支票、银行汇票，还可以是银行出具的银行保函、信用证等。

（7）资信标

资信标一般包括投标人的资质和投标人的信誉情况，主要有投标人基本情况、近年财务状况（资产负债表、利润表、现金流量表、所有者权益变动表等）和业绩等材料。

（8）技术标

技术标主要集中反映投标人的组织管理能力，即对工程质量保证、进度保证、安全文明施工措施、新技术运用等作出统筹安排和实施方案的能力。

技术标内容主要包括：

①工程概况及总体施工部署、场地布置及说明；

②施工方案及相应措施；

③工程质量保障和特殊施工环境的具体措施、预防自然灾害（雪灾、台风、干旱及防汛等）及灾后重建的组织和技术措施；

④施工进度计划和保障措施（含苗木养护期和其他项目保修期内的养护保修措施）；

⑤安全生产、文明施工、环境保护措施；

⑥项目管理人员配置情况；

⑦主要施工设备配置情况；

⑧针对本工程的重点、难点和关键部分进行分析并阐明可行的施工组织方案；

⑨根据招标人提出针对本工程的实际情况、条件和要求，施工及养护过程中的合理化建议和保障措施；

⑩针对本工程招标人特殊要求的技术措施。

(9) 商务标

商务标的主要内容是风景园林建设工程投标报价，它是投标人计算和确定承包该项工程的投标总价格。投标报价应根据工程的性质、规模、结构特点、技术复杂难易程度、施工现场实际情况、当地市场技术经济条件及竞争对手情况等确定。

①分部分项工程项目清单费用　投标人应根据招标人提供的分部分项工程量清单填报价格。投标人根据综合单价的组成、工程量清单项目特征描述和工程内容确定综合单价。综合单价包括完成工程量清单中一个规定计量单位项目所需的人工费、材料费、机械使用费、企业管理费和利润，并考虑一定的风险因素。

②措施项目清单费用　投标人应根据招标人提供的措施项目清单和投标人自行确定的施工组织设计或施工方案填报数量和价格，不发生的措施项目金额以"0"计价。遇有措施项目清单未列项的，投标人可补充措施项目并报价。

③其他项目清单费用　包括暂列金额、暂估价、计日工和总承包服务费。暂列金额，投标人按招标工程量清单确定的金额填报；暂估价，投标人按招标人提供的价格直接计入；计日工，投标人按招标工程量清单列出的项目内容和数量自主确定综合单价并计算报价；总承包服务费，投标人按招标工程量清单确定的项目内容和要求自主确定费率并报价。

④规费与税金　按省级建设行政主管部门颁发的施工费用定额园林绿化部分的内容和计费标准计算报价。

商务标投标报价表包括工程量清单及计价表和工程量清单报价分析表。

工程量清单及计价表　包括投标报价封面、工程量清单报价说明、工程项目报价汇总表、单位工程报价汇总表、分部分项工程项目清单及计价表、组织措施项目（整体）清单及计价表、组织措施项目（专业工程）清单及计价表、技术措施项目清单及计价表、安全文明施工措施项目清单及计价表、其他项目清单及计价表、计日工表、总承包服务费项目及计价表、主要工日价格表、主要材料价格表、主要机械台班价格表。

工程量清单报价分析表　包括分部分项工程项目清单综合单价分析表、措施项目清单分析表、综合单价工料机分析表、措施项目工料机分析表、临时宿舍取暖降温等费用分析表。

5.3.3.2　投标文件的编制要求

(1) 一般要求

①投标人编制投标文件时必须使用招标文件提供的投标文件表格格式。

②投标人应当编制投标文件"正本"一份，"副本"则按照招标文件要求的份数提供。

③所有投标文件均由投标人的法定代表人签署、加盖印鉴，并加盖法人单位公章。对于电子招投标，投标文件格式文件要求投标人盖章、法定代表人印章的地方，投标人均应使用CA数字证书加盖投标人的单位电子印章、法定代表人个人电子印章。联合体投标的，除联合体协议书格式之外，由联合体牵头人加盖单位电子印章、法定代表人个人电子印章即可。联合体协议书原件扫描件加盖联合体牵头人单位电子印章和法定代表人个人电子印章。投标文件所附（如有）证书证件、业绩证明文件、投标保证金等证明材料用原件扫描件并加盖投标单位电子印章。

④投标人应对投标文件反复校核，保证分项和汇总计算均无错误。

⑤投标人应将投标文件的技术标和商务标分别密封，并分别标明技术标和商务标。密封后的技术标和商务标再密封在一个封袋中，电子投标则分别予以加密。

(2) 技术标编制要求

①针对性　结合招标工程的特点逐一论述该工程项目的特点、难点和重点，有针对性地提出施工方案、主要施工方法，确定施工顺序、工艺流程，避免对规范标准的成篇引用或对其他项目标书的成篇抄袭。

②全面性　对技术标的评分标准一般分为许多项目，这些项目都分别被赋予一定的评分分值。这就意味着，技术标需要全面性响应这些评分标

准项目，不能发生缺项。只要有关内容齐全，且无明显的低级错误或理论上的错误，技术标一般不会扣很多分。因此，对一般工程来说，技术标内容的全面性比内容的深入细致更重要。

③先进性　技术标要获得高分，一般来说也不容易。没有技术亮点，没有特别吸引招标人的技术方案，是不太可能得高分的。因此，在编制技术标时，投标人应仔细分析招标人的关注点，在关注点上采用先进的技术、设备、材料或工艺，使标书对招标人和评标专家产生更强的吸引力。

④可行性　技术标的内容最终要付诸实施，因此，技术标应有较强的可行性。为了突出技术标的先进性，盲目提出不切实际的施工方案、设备计划会给今后的具体实施带来困难，甚至导致建设单位或监理工程师提出违约指控。

⑤经济性　投标人参加投标承揽业务的最终目的是获取最大的经济效益，而施工方案的经济性，直接关系到投标人的效益，因此必须十分慎重。另外，施工方案也是投标报价的一个重要影响因素，经济合理的施工方案能降低投标报价，使报价更具竞争力。

(3) 商务标编制要求

商务标应由投标人或受其委托具有相应能力的工程造价资质的人员编制。投标人委托具有相应能力的工程造价咨询人编制商务标的，投标文件中应附情况说明、委托编制投标报价的咨询合同书等。如商务标由投标人委托的具有工程造价资质的人员编制，编制人员必须是在编制单位注册的一级或二级造价工程师，由其签字并盖执业专用章，且由本单位其他注册一级造价工程师复核，在成果文件相应位置签字并盖执业专用章。

5.3.4　投标的禁止性规定

5.3.4.1　串通投标

串通投标（简称串标）是共同违法行为，它破坏了招投标制度公开、公平、公正的市场竞争原则。从形式上来说，串标可以分为投标人之间串标和投标人与招标人串标。

(1) 投标人之间串标

《中华人民共和国招标投标法》（以下简称《招标投标法》）第三十二条第一款规定："投标人不得相互串通投标报价，不得排挤其他投标人的公平竞争，损害招标人或者其他投标人的合法权益。"《中华人民共和国招标投标法实施条例》（以下简称《招标投标法实施条例》）第三十九条第一款规定："禁止投标人相互串通投标。"投标人之间串标类型见表5-3所列。

表5-3　串标类型

类型		情形
投标人之间串标	属于投标人串标	①投标人之间协商投标报价等投标文件的实质性内容； ②投标人之间约定中标人； ③投标人之间约定部分投标人放弃投标或者中标； ④属于同一集团、协会、商会等组织成员的投标人按照该组织要求协同投标； ⑤投标人之间为谋取中标或者排斥特定投标人而采取的其他联合行动
	视为投标人串标	①不同投标人的投标文件由同一单位或者个人编制； ②不同投标人委托同一单位或者个人办理投标事宜； ③不同投标人的投标文件载明的项目管理成员为同一人； ④不同投标人的投标文件异常一致或者投标报价呈规律性差异； ⑤不同投标人的投标文件相互混装； ⑥不同投标人的投标保证金从同一单位或者个人的账户转出
投标人与招标人串标		①招标人在开标前开启投标文件并将有关信息泄露给其他投标人； ②招标人直接或者间接向投标人泄露标底、评标委员会成员等信息； ③招标人明示或者暗示投标人压低或者抬高投标报价； ④招标人授意投标人撤换、修改投标文件； ⑤招标人明示或者暗示投标人为特定投标人中标提供方便； ⑥招标人与投标人为谋求特定投标人中标而采取的其他串通行为

（2）投标人与招标人串标

《招标投标法》第三十二条第二款规定："投标人不得与招标人串通投标，损害国家利益、社会公共利益或者他人的合法权益。"《招标投标法实施条例》第四十一条规定："禁止招标人与投标人串通投标。"具体情形见表5-3所列。

5.3.4.2 以行贿手段谋取中标

《招标投标法》第三十二条规定："禁止投标人以向招标人或者评标委员会成员行贿的手段谋取中标。"行贿行为违背了《招标投标法》中规定的基本原则，破坏了招投标活动的公平竞争，损害了其他投标人的利益，而且可能损害到国家利益和社会公共利益。投标人以行贿手段谋取中标的法律后果是中标无效，有关责任单位应当承担相应的行政责任或刑事责任，给他人造成损失的，还应当承担民事赔偿责任。

5.3.4.3 以低于成本的报价竞标

《招标投标法》第三十三条规定："投标人不得以低于成本的报价竞标。"这里的成本是指个别企业的成本。如果投标人以低于自己成本的报价竞标，就很难保证工程质量，偷工减料、以次充好的现象也会随之产生。因此，投标人以低于成本的报价竞标的手段是法律所不允许的。

5.3.4.4 以非法手段骗取中标

《招标投标法》第三十三条规定："投标人不得以他人名义投标或者以其他方式弄虚作假，骗取中标。"

《招标投标法实施条例》第四十二条第二款规定，投标人有下列情形之一的，属于《招标投标法》规定的以其他方式弄虚作假的行为：使用伪造、变造的许可证件；提供虚假的财务状况或者业绩；提供虚假的项目负责人或者主要技术人员简历、劳动关系证明；提供虚假的信用状况；其他弄虚作假的行为。

思考题

1. 风景园林工程招投标的作用是什么？
2. 风景园林工程项目进行招标应具备什么条件？
3. 风景园林工程项目招标范围与招标标准分别是什么？
4. 公开招标与邀请招标的适用情形是什么？
5. 招标人自行招标需要具备什么条件？
6. 风景园林工程项目招标文件包括哪些内容？
7. 风景园林工程项目投标有哪些主要程序？
8. 风景园林工程项目投标文件有哪些内容？
9. 风景园林工程项目投标策略主要包括哪些？
10. 投标禁止性规定有哪些类型？

推荐阅读书目

1. 建设工程招投标与合同管理. 赖笑，王锋. 清华大学出版社，2024.
2. 建设工程招投标与合同管理. 严波，刘文娟. 重庆大学出版社，2023.

拓展阅读

招标投标制度

自1984年我国引入竞争性的招投标制度以来，招投标制度作为国际经贸规则逐渐进入我国市场，随着2000年1月1日《中华人民共和国招标投标法》正式实施，招投标活动正式步入有法可依的阶段。经过二十余年的发展，我国已经建立了招标、投标、开标、评标、定标等公开、公平、公正的交易机制，为国有资金、国有资产、公共基础设施及公共安全设施项目的合规合法交易保驾护航，捍卫了国家利益、公共利益及投标人的合法权益。招标投标制度逐步完善，在市场资源配置中发挥了极为重要的作用，是完善社会主义市场经济体制、推进投融资体制改革的重要措施，是我国投融资体制改革和公共采购发展史上的一座重要里程碑（沈中友 等，2022）。未来，《招标投标法》将继续保障招标投标市场规范有序发展，为各市场主体依法参与竞争、订立招投标合同提供法律依据，同时将继续推进国家产业政策的落实，推动产业转型升级。

第 6 章

风景园林工程项目合同管理

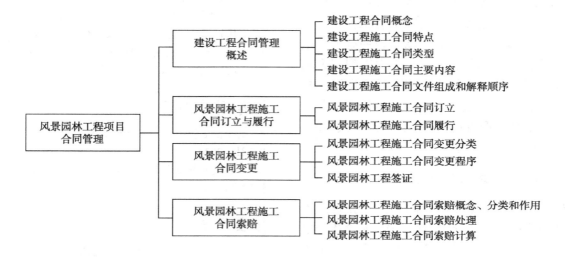

学习目标

初级目标：熟悉建设工程合同的概念、特点、类型、主要内容，合同文件的组成与解释顺序，合同订立，合同履行原则，合同变更的分类与程序，索赔的概念、分类和作用等知识性内容。

中级目标：掌握不同类型合同的适用情形与风险承担，掌握合同文件的解释效力，掌握缺陷责任期与保修期，掌握工程签证的分类。

高级目标：分析工程索赔的处理。

任务导入

发包人甲与承包人乙就××第一标段签订相关协议，约定工程长约 26km，签约合同价 263 664.815 2 万元，工期 42 个月。发包人甲向承包人乙发出《关于编制倒排工期总体进度计划的通知》，要求承包人乙编制倒排工期进度计划表。在合同履行过程中，承包人乙制作赶工措施费《索赔意向通知书》和《索赔意向书》，发包人甲签字审核确认，同意赶工措施费索赔累计 14 667.215 1 万元。在工程价款结算时，发、承包双方发生争议，诉至人民法院。最高人民法院经审理，判定全额支持承包人乙请求发包人甲赔偿赶工措施费共计人民币 14 667.215 1 万元。

请思考：风景园林工程施工合同索赔程序。

6.1 建设工程合同管理概述

6.1.1 建设工程合同概念

根据《中华人民共和国民法典》（以下简称《民法典》）规定，建设工程合同是承包人进行工程建设，发包人支付价款的合同。建设工程合同包括工程勘察、设计、施工合同。本章主要阐述建设工程施工合同。

建设工程合同的双方当事人分别称为承包人和发包人。承包人是指在建设工程合同中负责工程的勘察、设计、施工任务的一方当事人；发包人是指在工程项目合同中委托承包人进行工程的勘察、设计、施工任务的建设单位。

在合同中，承包人最主要的义务是进行工程建设，即进行工程的勘察、设计、施工等工作。发包人最主要的义务是向承包人支付相应的价款。这里的价款除了包括发包人对承包人因进行工程建设而支付的报酬外，还包括对承包人提供的建筑材料、设备支付的相应价款。

6.1.2 建设工程施工合同特点

建设工程施工合同是一种特殊的承揽合同（蒲娟 等，2020）。它与一般的承揽合同相同，都是承揽人（承包人）按照定作方（发包人）的要求完成一定工作，由定作方交付报酬或价款的合同。但建设工程施工合同也与一般承揽合同有明显区别。

（1）建设工程施工合同的标的仅限于建设工程

建设工程合同的标的只能是建设工程而不能是其他一般标的物。这里所说的建设工程主要是指风景园林工程、市政工程、建筑工程、安装工程等。建设工程对国家、社会有特殊的意义，其工程建设对合同双方当事人有特殊要求，这才使建设工程合同成为与一般承揽合同不同的一类合同。

（2）建设工程的主体只能是法人

建设工程合同的标的是建设工程，其具有投资大、建设周期长、质量要求高、技术力量要求全面等特点，作为公民个人是不能够独立完成的。同时，也并不是每个法人都可以成为建设工程合同的主体，而是需经过批准加以限制的。合同中的发包人只能是经过批准的建设工程的法人，承包人也只能是具有从事施工任务资格的法人。因此，建设工程合同的当事人不仅是法人，而且须是具有某种资格的法人。

（3）建设工程施工合同具有国家管理的特殊性

建设工程的标的物为不动产，其自然与土地密不可分。承包人所完成的工作成果不仅具有不可移动性，而且须长期存在和发挥作用，所以说项目建设是关系国计民生的大事。因此，国家对建设工程不仅要进行建设规划，而且要实行严格的管理和监督。从建设工程施工合同的订立到合同的履行，从资金的投放到最终的成果验收都要接受国家严格的管理和监督。

（4）建设工程施工合同为要式合同

《民法典》规定，当事人订立合同，有书面形式、口头形式和其他形式。对于一些比较重要的合同，为了保护合同双方的权益，法律和行政法规一般都规定应当采用书面形式。建设工程施工合同即属于这一类。由于建设工程施工合同通常工程量都较大，当事人的权利、义务关系复杂，《民法典》第七百八十九条明确规定，建设工程施工合同应当采用书面形式。

6.1.3 建设工程施工合同类型

建设工程施工合同按不同的分类方法可分为不同的类型。按照承包工程计价方式分类，可以将建设工程施工合同分为以下几种。

6.1.3.1 单价合同

单价合同是指发、承包双方约定以工程量清单及其综合单价进行合同价款计算调整和确认的建设工程施工合同。单价合同的特点是单价优先，发包人在招标文件中给出工程量表，它通常是按照规定的工程量清单编制方法编制的。但其中的工程量是参考数字，实际合同价款按实际完成的工程量和承包人所报的单价计算。单价合同又可分为固定单价和可调单价两种形式。

单价合同大多用于工期长、技术复杂、实施过程中发生各种不可预见因素较多的大型复杂工程的风景园林施工，以及发包人为了缩短项目建设周期，初步设计完成后就进行施工招标的工程。单价合同是最常见的合同类型，适用范围广，承包人仅按合同规定承担报价的风险，即对报价（主要为单价）的正确性和适宜性承担责任，而工程量变化的风险由发包人承担（徐水太，2022）。由于风险分配比较合理，能够适应大多数工程，能调动承包人和发包人双方的管理积极性。

6.1.3.2　总价合同

总价合同是指发、承包双方约定以施工图、已标价工程量清单或预算书中的总报价作为建设项目施工合同的合同价。根据总价规定的方式和内容不同，具体又可分为固定总价合同、调值总价合同和固定工程量总价合同。

（1）固定总价合同

固定总价合同以固定不变的总价格委托，除设计有重大变更，一般不允许调整合同价格。在固定总价合同中，承包人承担了工程量和价格的全部风险。

固定总价合同的应用范围很小，主要应用在以下情况中：

①招标时的设计深度已达到施工图阶段，合同履行过程中不会出现较大的设计变更，以及承包人依据的报价工程量与实际完成的工程量不会有较大差异。

②工程规模较小，技术不太复杂的中小型工程或承包工作内容较为简单的工程。

③合同期较短，一般为一年期之内的承包合同，双方可以不必考虑市场价格浮动可能对承包价格造成的影响。

（2）调值总价合同

调值总价合同中的总价是一种相对固定的价格，在工程实施中遇到通货膨胀引起的工料成本变化可按约定的调值条款进行总价调整。因此，通货膨胀风险由发包人承担，承包人则承担施工中的有关时间和成本等因素的风险。工期在1年以上的项目可采用这种合同。

（3）固定工程量总价合同

固定工程量总价合同中，固定的是给定的工程量清单和承包人通过投标报价确定的工程单价。在施工中，总价可以根据工程变更进行调整。采用这种合同，投标人在统一基础上计价，发包人可据此对报价进行清楚分析，但需花费较多时间准备工程清单和计算工程量，对设计深度和招标准备时间要求较高。

6.1.3.3　成本加酬金合同

成本加酬金合同是将工程项目的实际投资划分为成本费和承包人完成工作后应得酬金两部分。实施过程中发生的成本费由发包人实报实销，另按合同约定的方式付给承包人相应报酬。

成本加酬金合同大多适用于边设计边施工的紧急工程或灾后修复工程。由于在签订合同时，发包人还提供不出可供承包人准确报价的详细资料，因此，在合同内只能商定酬金的计算方法。按照酬金的计算方式不同，成本加酬金又可分为成本加固定百分比酬金、成本加固定酬金、成本加浮动酬金、目标成本加奖罚四种。

6.1.4　建设工程施工合同主要内容

为了指导建设工程施工合同当事人的签约行为，维护合同当事人的合法权益，住房和城乡建设部、原国家工商行政管理总局（现国家市场监督管理总局）制订了《园林绿化工程施工合同示范文本（试行）》（GF—2020—2605）。《园林绿化工程施工合同示范文本（试行）》由合同协议书、通用合同条款和专用合同条款三部分组成。

6.1.4.1　合同协议书

合同协议书共16条，主要包括工程概况、合同工期、质量标准、签约合同价与合同价格形式、承包人项目负责人、预付款、绿化种植及养护要求、其他要求、合同文件构成、承诺以及合同生效等重要内容，集中约定了合同当事人基本的合同权利义务。

6.1.4.2　通用合同条款

通用合同条款共20条，具体条款包括一般约定、发包人、承包人、监理人、工程质量、安全文明施工与环境保护、工期和进度、材料与设备、试验与检验、变更、价格调整、合同价格、计量与支付、验收和工程试车、竣工结算、缺陷责任与保修、违约、不可抗力、保险、索赔和争议解决。

6.1.4.3　专用合同条款

专用合同条款是指对通用合同条款原则性约定进行细化、完善、补充、修改或另行约定的条款。合同当事人可以根据不同建设工程的特点及具体情况，通过双方的谈判、协商对相应的专用合同条款进行修改补充。在使用专用合同条款时，应注意以下事项：

①专用合同条款的编号应与相应的通用合同条款的编号一致。

②合同当事人可以通过修改专用合同条款，满足具体建设工程的特殊要求，避免直接修改通用合同条款。

③在专用合同条款中有横道线的地方，合同当事人可针对相应的通用合同条款进行细化、完善、补充、修改或另行约定；如无细化、完善、补充、修改或另行约定，则填写"无"或"/"。

6.1.5　建设工程施工合同文件组成和解释顺序

根据《园林绿化工程施工合同示范文本（试行）》（GF-2020-2605）规定，组成建设工程施工合同的文件包括：

①协议书。
②中标通知书。
③投标书及其附件。
④专用合同条款。
⑤通用合同条款。
⑥标准、规范及有关技术文件。
⑦图纸。
⑧工程量清单。
⑨工程报价单或预算书。

双方有关工程的洽商、变更等书面协议或文件视为协议书的组成部分。

上述合同文件应能够互相解释、互相说明。当合同文件中对某些问题的规定不一致时，上面的顺序就是合同的优先解释顺序。在不违反法律和行政法规的前提下，当事人可以通过协商变更施工合同的内容，这些变更的协议或文件效力高于其他合同文件，且签署在后的协议或文件效力高于签署在先的协议或文件。

6.2　风景园林工程施工合同订立与履行

6.2.1　风景园林工程施工合同订立

风景园林工程施工合同的订立需要一定的程序，它通常包括要约邀请、要约、承诺三个阶段，其中，要约和承诺是两个最基本、最主要的阶段，是风景园林工程施工合同订立两个必不可少的步骤。由于风景园林工程施工合同的特殊性质（即涉及关系复杂、金额大、标的大等），在施工合同的签订过程中，要约邀请、要约、承诺都必须采取书面形式。

6.2.1.1　要约邀请

《民法典》第四百七十三条规定："要约邀请是指希望他人向自己发出要约的意思表示。"要约邀请并不是合同订立过程中的必经环节，它是当事人订立合同的预备行为，在法律上无须承担责任。这种意思表示的内容往往不确定，不含有合同得以成立的主要内容，也不含相对人同意后受其约束的表示。例如，价目表的寄送、招标公告、商业广告等，都是要约邀请（刘树红 等，2021）。

在风景园林工程项目招投标过程中，招标人发布的招标文件虽然对招标项目有详细介绍，但是它缺少合同成立的重要条件——价格。在招标时，项目成交的价格是有待投标者提出的。可见，招标不具备要约的条件，不是要约，它实质上是邀请投标人对其提出要约（报价），因而招标是一种要约邀请。

6.2.1.2 要约

《民法典》第四百七十二条规定："要约是希望和他人订立合同的意思表示。"要约是指一方当事人以缔结合同为目的，向对方当事人所作的意思表示。发出要约的人为要约人，接受要约的人为受要约人。要约是订立合同所必须经过的程序。

（1）要约的生效时间

要约的生效时间具有十分重要的意义，它明确了要约人受其提议约束的时间界限，也表明受要约人何时具有承诺权利。《民法典》规定："要约到达受要约人时生效。"

（2）要约的约束力

①要约一经发出，即受法律的约束，且非依法不得撤回、变更和修改；要约一经送达，要约人应受其约束，非依法不得撤销、变更和修改，不得拒绝承诺。

②受要约人因要约的送达获得了承诺的权利，受要约人一经作出承诺，即能成立合同，成为合同当事人一方。受要约人作出承诺的，要约人不得拒绝，必须接受承诺。承诺并不是受要约人的义务，受要约人有权明示拒绝，通知对方，也有权默示拒绝，不通知对方。

（3）要约的存续期间

要约的存续期间也称承诺期限，是指要约人受要约约束的时间，在该时间内不得拒绝受要约人的承诺；受要约人在该时间内作出承诺并到达要约人的，合同即告成立；逾期承诺的，要约即行失效，不再具有约束力。

（4）要约的撤回和撤销

要约撤回是指要约在发生法律效力之前，欲使其不发生法律效力而取消要约的意思表示。要约人可以撤回要约，撤回要约的通知应当在要约到达受要约人之前或与要约同时到达受要约人。

要约撤销是要约在发生法律效力后，要约人欲使其丧失法律效力而取消该项要约的意思表示。要约可以撤销，撤销要约的通知应当在受要约人发出承诺通知前到达受要约人。

但有下列情形之一的，要约不得撤销：第一，要约人确定承诺期限或者以其他形式明示要约不可撤销；第二，受要约人有理由认为要约是不可撤销的，并已经为履行合同做了准备工作。可以认为，要约的撤销是一种特殊的情况。

6.2.1.3 承诺

《民法典》第四百七十九条规定："承诺是受要约人同意要约的意思表示。"承诺与要约一样，是一种法律行为。

（1）承诺的条件

①承诺必须由受要约人作出。

②承诺只能向要约人作出。非要约对象向要约人作出的完全接受要约意思的表示不是承诺，因为要约人根本没有与其订立合同的意愿。

③承诺的内容应当与要约的内容一致。受要约人对要约的内容作出实质性变更的，视为新要约。有关合同标的、数量、质量、价款和报酬、履行期限、履行地点、方式、违约责任和解决争议方法等的变更，是对要约内容的实质性变更。承诺对要约的内容作出非实质性变更的，除要约人及时反对或者要约表明不得对要约内容作任何变更外，该承诺有效。

④承诺必须在承诺期限内发出。超过期限的，除要约人及时通知受要约人该承诺有效外，为新要约。

（2）承诺的方式

承诺的方式是指受要约人采用一定的形式将承诺的意思表示告诉要约人。《民法典》规定："承诺应当以通知的方式作出，但根据交易习惯或者要约表明可以通过行为作出承诺的除外。"因此，承诺的方式可以有以下两种：

①通知　包括口头通知（如对话、交谈、电话等）和书面通知（如信件、传真、电报、数字电文等）。

②行为　即受要约人在承诺期限内无须发出通知，而是通过履行要约中确定的义务来承诺要

约。以行为承诺的前提条件是该行为符合交易习惯或者要约表明可以通过行为作出承诺。

(3) 承诺的期限

承诺必须以明示的方式，在要约规定的期限内作出。要约没有规定承诺期限的，视要约的方式而定。

(4) 承诺的撤回

承诺的撤回是指承诺人阻止已发生的承诺发生法律效力的意思表示。承诺发生后，承诺人会因为考虑不周、承诺不当而企图修改承诺或放弃订约，法律上有必要设定相应的补救机制，给予其重新考虑的机会。允许撤回承诺与允许撤回要约相对应，体现了当事人在订约过程中的权利、义务是均衡、对等的。为保证交易的稳定，承诺的撤回也是附条件的。《民法典》规定："承诺可以撤回。撤回承诺的通知应当在承诺通知到达要约人之前或者与承诺通知同时到达要约人。"但是在以行为承诺的情形下，要约要求的或习惯做法所认同的履行行为一经做出，合同就已成立，不得通过停止履行或恢复原状等方法来撤回承诺。

6.2.1.4 签约

由于风景园林工程建设的特殊性，招标人和中标人在中标通知书产生法律效力后，还需要按照中标通知书、招标文件和中标人的投标文件等订立书面合同，此时工程施工合同才成立并生效。

6.2.2 风景园林工程施工合同履行

风景园林工程施工合同履行是指风景园林工程建设项目的发包方和承包方根据合同规定的时间、地点、方式、内容及标准等要求，各自完成合同义务的行为。对于发包方来说，履行合同主要的义务是按照合同约定支付合同价款，而承包方最主要的义务是按照合同约定交付合格风景园林产品。

6.2.2.1 施工合同履行原则

(1) 全面履行原则

当事人应当严格按照合同约定履行自己的义务，包括合同约定的数量、质量、标准、价格、方式、地点、期限等。全面履行原则对合同的履行具有重要意义，它是判断合同双方是否违约以及违约应当承担何种违约责任的根据和尺度。

(2) 实际履行原则

当事人一定要按照合同约定履行义务，不能用违约金或赔偿金来代替合同的标的。任何一方违约时，不能以支付违约金或赔偿损失的方式来代替合同的履行，守约一方要求继续履行的，应当继续履行。

(3) 协作履行原则

合同当事人双方在履行合同过程中，应当互谅、互助，尽可能为对方履行合同义务提供相应的便利条件。双方应本着共同的目的，互相监督检查，及时发现问题，平等协商解决，以保证风景园林工程建设目标的顺利实现。

(4) 诚实信用原则

当事人执行合同时，应诚实，恪守信用，实事求是，以善意的方式行使权利并履行义务，不得违反法律和合同，以使双方所期待的正当利益得以实现。

(5) 情事变更原则

在合同订立后，如果发生了订立合同时当事人不能预见且不能克服的情况，改变了订立合同时的基础，使合同的履行失去意义或者履行合同将使当事人之间的利益发生重大失衡，应当允许受不利影响的当事人变更合同或者解除合同。情事变更原则实质上是按诚实信用原则履行合同的延伸，其目的在于消除合同因情事变更所产生的不公平后果。

6.2.2.2 施工合同履行涉及的几个时间期限

(1) 合同工期

合同工期是指承包人在投标函内承诺合同工程的时间期限，以及按照合同条款通过变更和索赔程序应给予顺延工期的时间之和。合同工期用于判定承包人是否按期竣工。

(2) 施工期

施工期从监理人发出的开工通知中写明的开

工日起算，至工程接收证书中写明的实际竣工日。以此期限与合同工期比较，判定是提前竣工还是延误竣工。延误竣工，承包人承担延期赔偿责任；提前竣工是否应获得奖励则需视专用条款中是否有约定。

（3）缺陷责任期

缺陷责任期从工程实际竣工日期开始起算，期限视具体工程的性质和使用条件的不同在专用条款内约定，一般不超过24个月。

（4）保修期

保修期自工程竣工验收合格之日起算，发包人和承包人按照有关法律、法规的规定，在专用条款内约定工程质量保修范围、期限和责任。最低保修期限见11.3.1.1。

6.3 风景园林工程施工合同变更

合同变更是指在风景园林工程项目实施过程中，因施工条件改变、发包人要求、监理工程师要求或设计原因，监理人根据工程需要，下达指令对招标文件中的原设计或经监理人批准的施工方案在材料、工艺、功能、尺寸、技术指标、工程数量及施工方法等方面进行的改变。

6.3.1 风景园林工程施工合同变更分类

依据变更内容，可将合同变更划分为工作范围变更、施工条件变更、设计变更、施工变更和技术标准变更。

6.3.1.1 工作范围变更

工作范围变更是指发包人或监理工程师指令承包人完成超出其在投标时估计的工作或超出原合同工作范围的工作的一种活动。工作范围变更是最为普遍的工程变更现象，通常表现为工作量的增加或减少。

工作范围变更是变更控制的主要对象，主要表现为两种形式：一是附加工程，是指完成合同所必不可少的工程，有可能在合同范围之内，也

有可能在合同范围之外。如果缺少了这些工程会导致合同项目不能发挥合同预期的作用，因此，无论这些工作是否列入项目的合同范围之内，承包人必须按变更来完成工作。二是额外工程，是指未包括在合同范围内的工作。如果没有这些工作，工程仍可正常运行并发挥效益，所以额外工程是一个"新增的工程项目"，而不是原合同范围内的一个"新的工程项目"。

①对于工程规模小、费用低的额外工程，建议监理工程师通过发布变更令实施。承包人往往考虑与发包人关系同意实施，但会提出重新商定额外工程单价，因变更工程量较小，工程师通过协商认可新的价格，实施额外工程。

②对于变更工程量适中、变更费用不高的额外工程，建议监理工程师尽量避免采用变更令，可以采用"承担小任务的承包人清单"的变更控制手段。采用这种机制可不通过竞争形式发包新增工程，而且避免承包人通过变更令获得额外的间接费与利润。

③对于变更工程量大、变更费用高的额外工程，可采用邀请招标确定中标单位，承担额外工程施工任务。

6.3.1.2 施工条件变更

施工条件变更是指由于实际的现场条件不同于招标文件中、施工合同中描述的现场条件，为了使工程顺利进行，要求承包人增加一些必要的工作来实现合同规定的条件，增加的工作必须通过变更令的形式实施。

①当招标描述的现场条件与实际现场条件不同或存在差异时，监理工程师应识别条件的变化是否构成变更，识别的依据是此项改变是"一个有经验的承包人预先能否合理预料到"，如此项改变是一个有经验的承包人报价时能预料到的，认为此项改变不构成变更，监理工程师无须发布变更令，认为因此改变而产生的费用在投标报价中已考虑；如此项改变是一个有经验承包人投标报价时无法预料到的，则认为此项改变构成工程变更，监理工程师发布变更令实施工程变更。

②不明的施工现场施工条件，如地质情况、恶劣的天气等，是一个有经验承包人无法预料到的，此项改变构成变更，监理工程师应发布变更令实施变更。

6.3.1.3 设计变更

在施工前或施工过程中，对设计图纸任何部分的修改或补充都属于设计变更。发包人、监理工程师、设计单位、施工单位均可提出设计变更。如发包人对项目功能的局部改变而提出设计变更，设计单位因对原设计图纸修改和完善也会提出设计变更，监理工程师和承包人对项目合理的建议还会产生设计变更。

①设计变更责任分析　设计变更事件发生后，监理工程师应分析设计变更产生的原因。设计变更产生原因可归纳为：发包人从使用角度出发，改变工程局部功能；勘探、设计图纸深度不够；设计图纸矛盾，方案不合理，设计图纸错误；监理工程师和承包人提出合理化建议；设计规范的修改；监理工程师指令错误或指令不及时；承包人擅自修改设计图纸或不按图施工。对于前6种原因，产生工程变更的责任者是发包人，设计变更产生费用及工期延误由发包人承担；第7种原因，工程变更责任者是承包人，变更费用由承包人承担，工期不得顺延。

②设计变更图纸控制　设计变更涉及设计图纸的修改，设计变更的图纸必须由原设计单位提供，或由承包人提供设计图纸，但必须由设计单位审查并签字确认，除设计单位外，任何项目参与者提供的图纸均无效。

6.3.1.4 施工变更

施工变更主要是在施工作业过程中由于发包人要求的加速施工，监理工程师现场指令的施工顺序改变和施工顺序的调整，或承包人进行价值工程分析后提出的有利于工程目标实现的施工建议等。

(1) 施工变更的内容及产生原因

①加速施工　监理工程师应发包人要求指令对某些工作加速施工；由于承包人自身原因造成某些工作工期延误，需加速施工。

②施工顺序的改变与调整　由于设计变更，造成变更相关的工作施工顺序的调整与改变；监理工程师指令某些工作的施工顺序改变与调整；承包人原因造成施工顺序的改变与调整。

③施工技术方案的改变　由于设计变更，造成与变更相关工作施工技术方案的改变；监理工程师指令改变某些工作施工技术方案；承包人原因造成施工技术方案的改变。

(2) 施工变更责任分析

在施工变更发生后，监理工程师需分析变更原因，并进一步分析施工变更责任。由于监理工程师是发包人的代理人，监理工程师应发包人要求发出的指令或者监理工程师根据工作需要而发出的指令，均属于发包人应承担的施工变更责任；承包人因自身原因而造成施工变更的，则属于承包人应承担的施工变更责任。对于加速施工的第1种原因，监理工程师指令属于发包人应承担的加速施工责任，即由发包人承担施工变更责任；对于加速施工的第2种原因，因承包人自身原因造成的加速施工，属于承包人应承担的施工变更责任。对于施工顺序改变与调整的第1种原因，设计变更实质是对原图纸的修订、更改与补充，其责任者是发包人，由此引起的施工顺序调整与改变责任由发包人承担；对于施工顺序改变与调整的第2种原因，监理工程师指令属于发包人应承担的责任范畴，即由发包人承担施工变更责任；对于施工顺序改变的第3种原因，因承包人自身原因造成，应由承包人承担施工变更责任。同理，对于施工技术方案改变的第1、2种原因，应由发包人承担施工变更责任；对于施工技术方案改变的第3种原因，应由承包人承担施工变更责任。

6.3.1.5 技术标准变更

在工程实施的过程中，发包人出于造价、进度等考虑，会要求承包人提高或降低工程质量的技术标准和改变材料质量或类型选择，或者由工程质量、技术标准的改变和施工，设计法规的改变所引起的设计和施工修改，这种改变是在合同有效的条件下对合同状态进行的修改，是为了实现合同预期目的，这种需要可通过变更令来实施。

6.3.2 风景园林工程施工合同变更程序

合同变更可以由承包人提出，也可以由发包人或监理工程师提出，一般发包人提出的合同变更由监理工程师代为发出。监理工程师发出合同变更令的权限，由发包人授予，在施工合同中明确约定。监理工程师就超出其权限的合同变更发出指令时，应附上发包人的书面批准文件，否则承包人可拒绝执行。在紧急情况下，监理工程师可先采取行动，再尽快通知发包人，对此，承包人应立即遵照监理工程师的变更指令执行。承包人提出的合同变更须经监理工程师审批方可实行。

较为理想的情况是，在变更执行前，发包人（或监理工程师）就变更中涉及的费用和工期补偿达成一致，但较为常见的情况是，合同中赋予了监理工程师直接指令变更工程的权力，承包人接到指令后即执行变更，而变更涉及的价格和工期调整由发包人（或监理工程师）和承包人协商后确定。我国施工合同示范文本所确定的工程变更估价原则主要有以下几项。

①合同中已有适用于变更工程的价格，按合同已有的价格变更合同价款。

②合同中只有类似于变更工程的价格，可以参照类似价格变更合同价款。

③合同中没有适用或类似于变更工程的价格，由承包人提出适当的变更价格，经监理工程师确认执行。

合同变更令一般应以书面通知下达。对于监理工程师口头发出的变更令，事后应补发书面指令，若监理工程师忘了补发，承包人应在7天内以书面形式证实此项指示，交监理工程师签字，若监理工程师在14天内未提出反对意见，视为认可。

6.3.3 风景园林工程签证

风景园林工程签证主要是指承包人就施工图纸、设计变更所确定的工程内容以外，合同及工程量清单中未含有而施工中又实际发生费用的施工内容所办理的签证，如由于施工条件的变化或无法预见的情况所引起工程量的变化等。签证即签认、证明（庞业涛 等，2020）。

6.3.3.1 工程签证的分类

①工程经济签证　是指在施工过程中由于场地、环境、发包人要求、合同缺陷、违约、设计变更或施工图错误等，造成发包人或承包人经济损失方面的签证。工程经济签证涉及面广，项目繁多复杂，应严格控制签证范围和内容，把握好合同文件的规定。

②工程技术签证　主要是施工组织设计方案、技术措施的临时修改。对于发包人来说，如果是承包人提出的为了便于施工而改变的施工方案、技术措施，应该由承包人自行承担费用，发包人只签署技术签证，不会给予任何费用补偿。

③工程工期签证　主要是在实施过程中，由发包人等原因造成的延期开工、暂停开工、停工、工期延误等的签证。

6.3.3.2 与工程签证相关的几个概念

设计变更、工程洽商、工作联系单等不是工程签证，发生了设计变更、工程洽商等行为不一定发生工程签证行为（庞业涛 等，2020）。一般来说，工程签证大部分是涉款的，它是仅就合同价款之外的责任事件所做的签认行为。只有在设计变更、工程指令等行为发生了合同约定之外的责任事件时，才进入工程签证程序。当进入工程签证工作程序时，设计变更、工作联系单中涉及合同价款之外的责任事件则成为签证的内容，而设计变更、工作联系单则成为签证的附件。因此，设计变更、工程联系单等是记录相关行为的凭单，是与工程签证相关的行为概念，它们本身并非工程签证。

6.3.3.3 不可办理的工程签证

①合同或协议中规定包干支付的有关事项。
②因发生施工质量事故造成的工程返修、加固、拆除工作。
③因组织施工不当造成的停工、窝工和降效损失。
④施工单位为施工方便等提出的施工措施的改变。
⑤违规操作造成的停水、停电和安全事故损失。
⑥工作失职造成的损失。
⑦承包人由于自身原因造成工程无法计量，特别是未经过验收就进行下一步施工的隐蔽工程。
⑧超过签证时效期的签证。
⑨以签证形式（虚报的工程内容及工程量等）支付其他费用。
⑩因施工单位的责任增加的其他费用项目。

6.3.3.4 加强工程签证管理的措施

①建立完善的管理制度。建立健全现场签证制度和相关责任追究制度，明确规范工程管理部各专业工程师有关人员的责任、权利和义务。只有明确了责任、权利、义务，才能规范各级人员在设计变更和工程签证的管理行为，提高其履行职责的积极性。

②工程签证管理人员要熟悉施工中的技术事宜，全面了解现场情况，还应该有丰富的管理经验，能够较好地评估工程签证的经济价值，对于间接影响工程结算费用的工程签证也要给予足够的重视。

③尽量减少设计变更。设计变更是引起经济签证最主要的原因。在风景园林工程实施过程中，设计图纸粗糙、材料规格档次不符合设计标准、使用功能改变等原因都可导致设计变更。因此，首先，应严禁通过设计变更扩大建设规模，提高设计标准，增补项目内容，一般情况下不允许设计变更，除非不变更会影响项目的正常运行。其次，认真对待必须发生的设计变更，对涉及费用增减的设计变更，要根据设计变更管理制度，必须经过公司内部审批。

④签证必须实事求是。必须仔细审核现场签证单并到现场认真核实，无正当理由不得拒签，对不合理的签证内容必须坚决抵制。在办理每一项签证前，要求项目主管工程师进行工程量及成本增减分析，将工程成本事后控制变为事先控制。

6.3.3.5 工程签证原则

①准确计算原则　如工程量签证要尽可能做到详细、准确，计算工程量要有计算公式，凡是可明确计算工程量和套用综合单价（或定额单价）的内容，一般只能签证工程量而不能签证人工工日和机具台班数量。

②实事求是原则　无法套用综合单价（或定额单价）和计算工程量的内容，可只签证已发生的人工工日或机具台班数量，但应严格把握，实际发生多少签证多少，不得将其他因素考虑进去以增大数量进行补偿。

③及时处理原则　现场签证无论是承包人，还是发包人均应抓紧时间及时处理，以免因时过境迁而引起不必要的纠纷，且可避免现场签证日期与实际情况不符的现象发生。

6.4 风景园林工程施工合同索赔

6.4.1 风景园林工程施工合同索赔概念、分类和作用

6.4.1.1 施工合同索赔概念

索赔是指发、承包双方在履行合同过程中，根据法律、合同规定及惯例，对并非由于自己的过错，而是属于应由对方承担责任的情况所致，且实际已造成了损失，而向对方提出给予补偿或赔偿的权利要求。

从索赔含义来讲，索赔是发包人和承包人都拥有的权利，但是从通用条件内规定的索赔程序

条款来看，索赔就是指承包人向发包人要求补偿的权利主张。

6.4.1.2 施工合同索赔分类

(1) 按索赔目的分类

①工期索赔　由于发包人的违约或承担的风险与责任，而导致承包人施工进度延误，承包人要求批准顺延合同工期的索赔称为工期索赔。工期索赔实质上是避免不能按原合同竣工日期完工时被发包人追究延期违约责任。一旦获得批准，工期可以顺延，承包人可以免除违约责任，而且可能因工期提前得到奖励。

②费用索赔　索赔事件发生后，一般情况下，工期索赔和费用索赔是会同时发生的。费用索赔就是要求经济补偿，要求补偿非自身原因而导致施工成本的增加或附加的开支，以挽回实际的经济损失。

(2) 按合同分类

①合同内索赔　此种索赔的依据是合同条款明文规定的索赔。如发包人违约、合同缺陷、监理工程师的错误指令等造成承包人损失的索赔。

②合同外索赔　此种索赔一般难以直接从合同的条款中找到索赔的依据，但可以从对合同条款的合理推断或同其他有关条款联系起来论证该索赔属于合同规定的索赔。也可以是由于政策、法规的改变而产生的索赔。

③道义索赔　这种索赔无合同和法律的依据，而是承包人在施工中确实遭到了很大损失，从而向发包人要求给予道义上的补偿。

6.4.1.3 索赔作用

(1) 维护发、承包双方的正常权益

索赔是合同法律效力的具体体现，是维护自己正常利益、避免损失、增加经济效益的手段。当发包人或承包人因对方未履行合同义务或其他原因遭受损失时，可以通过索赔来寻求经济补偿或工期延长，以保护自己的合法权益。

(2) 提高合同意识，加强合同管理

索赔的依据主要是合同条款。合同一旦签订，双方应严格按照合同约定执行，任何一方违反合同规定都可能触发索赔，这促使双方更加注重合同的履行和管理。

(3) 保证合同实施

合同中有索赔条款，对合同当事人双方具有约束力，同时也起到了警戒作用，应按履行合同的原则履行各自的义务，否则就会形成索赔，受到经济损失或信誉损害。因此，施工索赔能起到保证施工合同实施的作用。

(4) 促使工程造价更合理

施工索赔的开展，可以把原来打入工程报价的一些不可预见费用，改为按实际发生的损失支付，有助于降低工程报价，使工程造价更为合理。

(5) 落实和调整合同双方的经济责任关系

索赔的依据主要是合同约定的义务和责任，合同当事人任何一方不履行其义务或责任，就会发生索赔，从而进一步调整或落实当事人的经济责任关系。

6.4.2 风景园林工程施工合同索赔处理

6.4.2.1 承包人的索赔

根据合同约定，承包人认为有权得到追加付款和（或）延长工期的，应按以下程序向发包人提出索赔：

①承包人应在知道或应当知道索赔事件发生后28天内，向监理人递交索赔意向通知书，并说明发生索赔事件的事由；承包人未在前述28天内发出索赔意向通知书的，丧失要求追加付款和（或）延长工期的权利。

②承包人应在发出索赔意向通知书后28天内，向监理人正式递交索赔报告；索赔报告应详细说明索赔理由及要求追加的付款金额和（或）延长的工期，并附必要的记录和证明材料。

③索赔事件具有持续影响的，承包人应按合理时间间隔继续递交延续索赔通知，说明持续影响的实际情况和记录，列出累计的追加付款金额和（或）工期延长天数。

④在索赔事件影响结束后28天内，承包人应向监理人递交最终索赔报告，说明最终要求索赔的追加付款金额和（或）延长的工期，并附必要的记录和证明材料。

6.4.2.2 对承包人索赔的处理

①监理人应在收到索赔报告后14天内完成审查并报送发包人。监理人对索赔报告存在异议的，有权要求承包人提交全部原始记录副本。

②发包人应在监理人收到索赔报告或有关索赔的进一步证明材料后的28天内，由监理人向承包人出具经发包人签认的索赔处理结果。发包人逾期答复的，则视为认可承包人的索赔要求。

③承包人接受索赔处理结果的，索赔款项在当期进度款中进行支付；承包人不接受索赔处理结果的，按照"争议解决"约定处理。

6.4.2.3 发包人的索赔

根据合同约定，发包人认为有权得到赔付金额和（或）延长缺陷责任期的，监理人应向承包人发出通知并附详细的证明。

发包人应在知道或应当知道索赔事件发生后28天内通过监理人向承包人提出索赔意向通知书，发包人未在前述28天内发出索赔意向通知书的，丧失要求赔付金额和（或）延长缺陷责任期的权利。发包人应在发出索赔意向通知书后28天内，通过监理人向承包人正式递交索赔报告。

6.4.2.4 对发包人索赔的处理

①承包人收到发包人提交的索赔报告后，应及时审查索赔报告的内容、查验发包人证明材料。

②承包人应在收到索赔报告或有关索赔的进一步证明材料后28天内，将索赔处理结果答复发包人。如果承包人未在上述期限内作出答复，则视为对发包人索赔要求的认可。

③承包人接受索赔处理结果的，发包人可从应支付给承包人的合同价款中扣除赔付的金额或延长缺陷责任期；发包人不接受索赔处理结果的，按"争议解决"约定处理。

6.4.2.5 提出索赔的期限

承包人按"竣工结算审核"约定接收竣工付款证书后，应视为已无权再提出在工程接收证书颁发前所发生的任何索赔。

承包人按"最终结清"提交的最终结清申请单中，只限于提出工程接收证书颁发后发生的索赔。提出索赔的期限自接受最终结清证书时终止。

6.4.3 风景园林工程施工合同索赔计算

6.4.3.1 工期索赔计算

工期索赔计算方法主要有网络分析法和比例计算法两种。

（1）网络分析法

网络分析法是利用网络图对延误工作进行分析。如果延误的工作是发生在关键线路上的关键工作，则延误的时间为索赔工期，可纳入合同工期。如果延误的工作发生在非关键工作上，当延误的时间超过该工作的总时差时，则超过总时差的时间为索赔工期。

（2）比例计算法

如果已知额外增加工程量的价格，可用下式进行计算：

$$工期索赔值 = \frac{额外增加的工程量的价格}{原合同总价} \times 原合同工期$$

比例计算法比较简单，但有时不符合实际情况，应用时应慎重。

6.4.3.2 费用索赔计算

费用索赔计算方法主要有总费用法和分项计算法两种。

（1）总费用法

总费用法是从计算出工程已实际开支的总费用中减去投标报价时的成本费用，即要求补偿的费用额。

此种方法并不十分精确,但具备以下条件时采用总费用法计算索赔费用额也是较合理的:

①实际开支的总费用是合理的。
②承包人原始报价是合理的。
③费用的增加不是因承包人的原因造成的。
④难以用精确的方法进行索赔费用的计算。

(2) 分项计算法

分项计算法是以每个索赔事件为对象,按照承包人为某项索赔事件所支付的实际开支为依据,根据单个索赔费用项目的计算原则和方法,分别进行分析、计算,最后汇总求出综合索赔费用。这种方法比较科学、合理,也方便发包人审核索赔款项,但计算比较复杂。分项计算方法见表6-1所列。

表6-1 分项计算法

费用名称\计算	工程量增加	窝工
人工费	预算单价×增加量	窝工费×窝工时间
材料费	实际材料消耗量×预算单价×调值系数	
机械费	预算单价×增加量	台班折旧费×时间（自有机械）台班租赁费×时间（租赁机械）
现场管理费	（合同价款/合同工期）×现场管理费费率×延期天数	一般情况下不考虑
利润	（合同价款/合同工期）×利润率×延期天数	一般情况下不考虑
利息	计算基数×约定利率	一般情况下不考虑

思考题

1. 什么是建设工程合同？建设工程合同有什么特点？
2. 按计价方式的不同，建设工程施工合同可分为哪几种类型？
3. 简述建设工程施工合同文件的组成和解释顺序。
4. 简述风景园林工程施工合同订立程序。
5. 简述风景园林工程施工合同履行的原则。
6. 风景园林工程合同变更可以分为哪几类？
7. 风景园林工程签证可以分为哪几类？
8. 简述索赔的概念和分类。
9. 简述施工索赔的程序。
10. 简述工期索赔和费用索赔的计算方法。

推荐阅读书目

1. 建设工程招投标与合同管理. 赖笑主编. 清华大学出版社，2024.
2. 建设工程招投标与合同管理. 严波主编. 重庆大学出版社，2023.

拓展阅读

FIDIC 合同条件

国际咨询工程师联合会（Fédération Internationale Des Ingénieurs Conseils，FIDIC）作为国际上权威的咨询工程师机构,多年来所编写的标准合同条件是国际工程界几十年来实践经验的总结,公正地规定了合同各方的职责、权利和义务,程序严谨,可操作性强。FIDIC合同条件最初的版本是FIDIC于1945年在英国土木工程师学会（ICE）制定的《合同条款》第3版的基础上经补充修订而成的。随着国际工程规模的扩大和工程情况复杂性的增大，FIDIC又先后编制了适合土木工程以外的其他方面的两个合同条件《电气与机械工程合同条件》和《设计—建造与交钥匙工程合同条件》及一个与《土木工程施工合同条件》配套的《土木工程施工分包合同条件》（张晓君，2017）。

随着"一带一路"倡议正式提出,我国的施工企业也逐渐重视海外市场的拓展,但是问题也随之而来,尤其是在合同管理上。合同管理是国际工程管理的重要组成部分,是决定"走出去"企业盈亏的重要因素。

第7章 风景园林工程施工组织设计

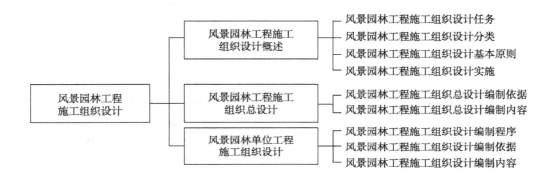

学习目标

初级目标：熟悉风景园林工程施工组织设计的任务与分类、基本原则等知识性内容。

中级目标：掌握风景园林工程施工组织总设计的编制依据与内容，理解风景园林单位工程施工组织设计的编制程序，掌握风景园林单位工程施工组织设计的编制内容。

高级目标：编制风景园林工程施工组织总设计、风景园林单位工程施工组织设计。

任务导入

杭州西溪国家湿地公园是中国第一个集城市湿地、农耕湿地、文化湿地于一体的国家级湿地公园，总面积约 11.5km²，共分三期建设，总投资约 88.4 亿元人民币，建设期 6 年（汪辉，2022）。西溪湿地的综合保护工程建设施工要求高、专业多、施工交叉多，是一个系统性的工程，需要各工种的密切配合方能完成。因此，应有详尽的施工方案，才能有效避免在施工过程中出现一些不必要的问题。各工种施工时，对景点建筑设计及外部景观环境设计的构思进行整体理解，避免从单一的工种层面理解，力求通过各工种之间的相互衔接与默契配合来实现设计意图、严格按图施工（中华建筑文化中心，2007）。

请思考：风景园林工程施工组织总设计的编制内容。

7.1 风景园林工程施工组织设计概述

7.1.1 风景园林工程施工组织设计任务

风景园林工程施工组织设计是用来指导风景园林工程施工项目全过程各项活动的技术、经济和管理的综合性文件，是施工技术与施工项目管理有机结合的产物，它是工程开工后施工活动有序、高效、科学、合理进行的保证（胡自军 等，2022）。

风景园林工程施工组织设计的基本任务是根据建设单位对工程项目的要求，对拟建风景园林工程在人力和物力、时间和空间、技术和经济、计划和组织等各方面作出全面合理的安排，以保证按照预定目标、优质、安全、高效和低耗地完成施工任务。

风景园林工程施工组织设计作为指导拟建风景园林工程项目的全局性文件，应该尽量适应施工过程的复杂性和具体施工项目的特殊性，并应尽可能保证工程施工的连续性、均衡性和协调性，以实现工程施工的最佳经济效益。

7.1.2 风景园林工程施工组织设计分类

7.1.2.1 按编制阶段分类

可分为投标前施工组织设计（简称标前施工组织设计）和中标后施工组织设计（简称标后施工组织设计）两大类。标前施工组织设计是作为编制风景园林工程投标书的依据，是按照招标文件的要求编写的大纲性文件，追求的是中标和经济效益，主要反映企业的竞争优势；标后施工组织设计是施工单位在施工准备阶段编制的指导拟建工程从施工准备到竣工验收乃至保修回访的技术经济、组织的综合性文件，也是编制施工预算、实行项目管理的依据，是指导施工准备工作的主要文件（潘天阳，2021）。

7.1.2.2 按编制对象分类

可分为施工组织总设计、单位工程施工组织设计和分部（分项）工程施工方案。

（1）施工组织总设计

施工组织总设计是以一个风景园林工程项目为编制对象，规划其施工全过程的全局性、控制性施工组织文件，是编制单位施工组织设计的依据。它一般由承包单位的总工程师主持，会同建设单位、设计单位和分包单位共同编制。

（2）单位工程施工组织设计

单位工程施工组织设计是以一个单位工程为编制对象，用以指导其施工全过程的各项施工活动的综合性技术经济文件。单位工程施工组织设计一般在施工图设计完成之后、拟建风景园林工程开工之前，由施工单位组织编制。

（3）分部（分项）工程施工方案

分部（分项）工程施工方案也叫分部（分项）工程作业设计，用于单位工程中某些结构特别重要或特别复杂，施工难度大或缺乏施工经验的分部（分项）工程。例如，假山工程、水景工程、古树名木种植工程等，采用新技术、新结构、新工艺、新材料的项目，或在特殊条件下施工的高山、湿地工程等。

7.1.3 风景园林工程施工组织设计基本原则

7.1.3.1 遵循法律、规范和工程承包合同

法律、规范、建设工程承包合同对施工组织设计的编制有很重要的指导意义。因此，在实际编制中要分析这些法律法规、规范对工程有哪些积极影响，并要遵守哪些法规，如《民法典》《园林绿化工程项目规范》（GB 55014—2021）等。建设工程施工承包合同是符合《民法典》的专业性合同，明确了双方的权利和义务，特别是明确的施工工期、工程质量等，在编制时应予以足够重视，以保证施工顺利进行，按时交付使用。

7.1.3.2 符合风景园林工程特点，体现园林综合艺术

风景园林工程的特点是以工程技术为手段来塑造园林空间的艺术形象。在地形塑造、假山堆叠、驳岸处理和植物配置等施工实践中，要求工程技术人员有着较强的专业技术和艺术审美修养，方可保证较好的工程实施效果。施工组织设计是保障设计图纸与设计思想实物化的施工指导文件，因此，施工组织设计的制定必须符合风景园林工程的特点。

7.1.3.3 采用先进施工技术，合理选择施工方案

风景园林工程施工中，要提高劳动生产率、缩短工期、保证工程质量、降低施工成本、减少损耗，关键是采用先进的施工技术、合理选择施工方案，以及利用科学的组织方法。因此，应重视工程的实际情况、现有的技术力量、经济条件，吸纳先进的施工技术。在不同的施工条件下拟订不同的施工方案，努力达到"五优"标准，即所选择的施工方法和施工机具最优，施工进度和施工成本最优，劳动资源组织最优，施工现场调度组织最优和施工现场平面最优。

7.1.3.4 施工计划周密合理，坚持均衡施工

施工计划是根据工程特点和要求安排的，是施工组织设计中极其重要的组成部分。周密合理的施工计划，应注意施工顺序的安排，避免工序重复。要按施工规律配置工程时间和空间上的次序，做到相互促进、紧密搭接；在施工方式上可视实际需要适当组织交叉施工或平行施工，以加快施工速度。

7.1.3.5 确保工程质量和施工安全，重视工程收尾工作

工程质量是决定建设项目成败的关键指标，也是施工企业参与市场竞争的根本。风景园林工程是环境艺术工程，设计师精美的艺术创造需要通过施工手段来体现。为此，要求施工组织设计中应针对工程的实际情况制定质量保证措施，推行全面质量管理，建立工程质量检查体系。

保证施工安全是现代施工企业管理的基本要求，施工中必须贯彻"安全第一"的方针，制定施工安全操作规程和注意事项，做好安全培训教育。

风景园林工程的收尾工作是施工管理的重要环节。风景园林工程具有艺术性和生物性特征，使得收尾工作中的艺术再创造与生物管护显得更加重要。因此，要重视后期收尾工程，尽快竣工验收交付使用。

7.1.4 风景园林工程施工组织设计实施

风景园林工程施工组织的全过程包括施工组织设计文件的编制、施工组织设计的贯彻执行和实施过程中的检查、分析、调整等几个重要环节（操英男 等，2019），如图7-1所示。施工组织设计文件的编制为指导施工部署、组织施工活动提供了计划依据。为了实现计划的预定目标，还必须依照施工组织设计文件所规定的各项内容认真实施，并随施工过程中主、客观条件的不断变化，及时收集施工实绩，经常检查分析实际情况与计划目标间的差异，找出原因，不断完善和调整计划方案，保证工程施工始终保持良好进展的状态。

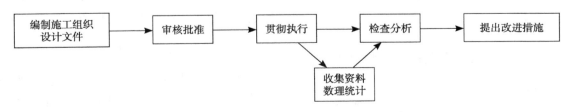

图7-1 施工组织设计编制过程

7.2 风景园林工程施工组织总设计

7.2.1 风景园林工程施工组织总设计编制依据

7.2.1.1 计划文件

计划文件一般包括国家批准的基本建设计划的文件，工程项目一览表，分期分批投入使用期限的要求，投资指标和工程所需设备材料的订货指标，建设地点所在地区主管部门的批件，施工单位主管上级下达的施工任务书等。

7.2.1.2 设计文件

设计文件包括批准的初步设计（或扩大初步设计）、设计说明、总概算、通过审查的施工图纸和施工图预算等。

7.2.1.3 施工条件

施工条件包括施工中可能配备的主要施工机具装备、劳动力队伍、主要苗木材料的供应概况、有关建设地区的自然条件和技术经济条件等资料。

7.2.1.4 上级有关部门的要求

上级有关部门的要求包括其对风景园林工程施工工期的要求，资金使用要求，环境保护要求，对推广应用新结构、新材料、新技术、新工艺的要求，以及有关的技术经济指标。

7.2.1.5 其他

主要包括国家现行的施工验收规范和标准、概算指标、概算定额、工期定额、预算定额、合同协议，以及施工企业积累的同类型风景园林的统计资料和数据。

7.2.2 风景园林工程施工组织总设计编制内容

7.2.2.1 工程概况

工程概况是指对风景园林工程项目所做的总说明、总分析。一般包括以下内容：

①工程特点。简要说明工程项目名称和用途，建设地点，建设规模，总期限，分期分批投入使用的工程项目和施工期，工程占地面积、绿化面积、硬质景观面积，主要项目工程量，总投资，资金来源和投资使用要求，施工技术的复杂程度和有关的新技术、新结构等。

②建设地区的自然条件和技术经济条件。

③有关部门对施工企业的要求，企业的施工资质要求、技术和管理水平，机具设备的装备水平等。

7.2.2.2 施工部署

施工部署是施工组织设计的纲领性内容，是对项目实施过程做出的统筹规划和全面安排，其主要内容及编制要求如下。

（1）确定项目管理组织机构

根据工程的规模、复杂程度、专业特点、施工企业类型、人员素质、管理水平等设置岗位，其人员组成以组织机构图的形式列出，明确各岗位人员的职责。

（2）确定施工管理目标

工程施工管理目标应根据施工合同、招标文件及本单位对工程管理目标的要求确定，包括进度、质量、成本、环境和安全等目标。

（3）确定施工方案

施工方案内容包括施工起点流向、施工程序、施工顺序和施工方法。

对于假山、建筑、水体等工程量大、施工周期长、施工难度大的单位工程，应在施工组织总设计中拟定其施工方案，目的是进行技术和资源的准备工作，也为工程施工的顺利开展和工程现场的合理布置提供依据。因此，应计算其工程量，确定工艺流程，选择施工机具和主要施工方法等。

7.2.2.3 施工总进度计划

施工总进度计划是根据施工部署中所确定的工程施工方案，确定各主要项目的施工期限和相互间平行搭接施工的时间，用进度表的形式来表达并用以控制施工的实际进度。

施工总进度计划是以表格的形式表示，表格的形式并不统一，一般可根据各单位的实际需要而定。常用的表格形式见表7-1所列。

表7-1 施工总进度计划表

序号	工程名称	工程数量（m²）	施工进度（季）							
			××××年				××××年			
			1	2	3	4	1	2	3	4

（1）列出工程项目

总进度计划主要起控制工期的作用，其项目不宜列得过细。列项应根据施工部署中分期分批开工的顺序进行，突出每一个单位工程的主要工程项目，分别列入工程名称栏内。

（2）计算工程量

根据批准的风景园林工程项目一览表，按工程分类计算各单位工程主要工程的工程量，为选择施工机具提供依据，同时为确定主要施工过程的劳动力、技术物资和施工时间提供依据。

（3）确定各单位工程的施工期限

影响单位工程工期的因素较多，它与园林景观类型、施工方法、结构特征、施工技术和管理水平，以及现场的地形、地质条件等有关。各单位工程的工期应根据工程量及现场具体条件进行综合考虑后予以确定，也可参考有关工期定额来确定。

（4）确定各单位工程开竣工时间和相互搭接的关系

在施工部署中已确定总的施工顺序和工期，但对每一个工程项目何时开始，何时竣工及各工程项目工期之间的搭接关系还未予以考虑，这也需要在施工总进度计划中进一步明确。通常应考虑以下几方面因素：

①同一时期开工的项目不宜太多，以免分散人力、物力。

②在确定每个施工项目开工、竣工的时间时，应充分估计设计图纸，以及材料、构件、设备的到货情况。

③尽量使劳动力和技术物资在全工程施工过程中均衡消耗，避免资源负荷出现高峰，降低劳动力调度的难度。

④确定一些调剂工程，用以调节主要项目施工进度，既保证重点，又能实现均衡施工。

通过以上考虑，用网络图或横道图的形式将施工进度表达出来。

7.2.2.4 资源需要量计划

按照施工部署、施工总进度的要求和主要分部（分项）工程进度要求，套用预算定额或施工定额，编制出下列资源需要量计划：劳动力需要量计划表；苗木材料和建筑材料需要量计划；主要施工机械和器具设备的需要量计划。

7.2.2.5 施工总平面图

施工总平面图是指按照施工部署和施工总进度计划的要求，将各项永久的和临时的生产、生活设施进行周密规划而设计绘制的平面图，作为指导施工、进行现场管理的依据。对于大型风景园林建设项目，由于施工周期较长，则应按施工现场的变化规划出不同施工时期的施工平面图。

施工总平面图需考虑的内容很多，但总的来说是将施工部署进一步具体化，并用图的形式表达出来。施工总平面图一般应考虑以下主要内容：

①运输线路的位置，当利用水路时还需考虑码头和转运线路。

②确定苗木假植点的面积和位置。

③临时房屋的布置。

④根据用水总量和现场具体条件选择水源，确定水管和布置管网。

⑤规划施工用电，包括选择供电方式，布置供电线路。

⑥确定取土、弃土和临时堆土的位置。

7.2.2.6 技术经济指标

技术经济指标通常用以评价上述各项设计的技术经济效果,并作为今后进行考核的依据。一般有施工周期、全员和工人劳动生产率、非生产人员比例、劳动力不均衡系数、场地利用率、临时设施费用比和机械化程度等。

7.3 风景园林单位工程施工组织设计

7.3.1 风景园林单位工程施工组织设计编制程序

风景园林单位工程施工组织设计的编制程序如图7-2所示。由于风景园林单位工程施工组织设计是基层施工单位控制和指导施工的文件,编制必须切合实际。在编制前应会同各有关部门和人员,共同讨论和研究其主要技术措施和组织措施。

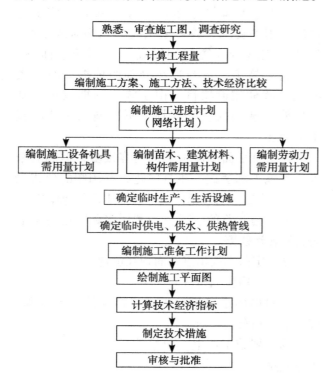

图7-2 风景园林单位工程施工组织设计编制程序

7.3.2 风景园林单位工程施工组织设计编制依据

①风景园林工程施工组织总设计 当单位工程为风景园林工程总项目的一个组成部分时,该风景园林工程的单位施工组织设计必须按照施工组织总设计的各项指标和任务要求进行编制。

②地质勘探与气象资料 地质勘探资料包括地下水及暴雨后场地积水情况和排水方向;气象资料包括施工期间最低、最高气温及其延续时间,雨季时间和雨量等。

③材料、预制构件及半成品的供应情况 包括主要苗木材料、建筑材料、构配件、半成品的供货来源、供应方式、运距及运输条件等。

④水电供应条件 包括水源、电源及其供应量,水压、电压及供水、供电情况是否正常,是否需单独设置储水、配电设备。

⑤劳动力配备情况 施工期间能提供的劳动总量和各专业工种的劳动人数。

⑥各主要施工机具的配备情况。

⑦项目的施工资料 包括施工图纸、国家相关法律法规、规范、标准、图集,地区定额手册和操作规程等。

⑧建设单位的要求 包括对开工、竣工日期,特殊苗木材料、设备,对采用新技术及其他有关的特殊要求等。

⑨各阶段施工机具进场安装的时间。

⑩建设单位可提供的条件。

7.3.3 风景园林单位工程施工组织设计编制内容

7.3.3.1 工程概况及施工条件

风景园林单位工程施工组织设计应先对拟建工程概况和施工条件作简要而又重点突出的文字介绍,阐明拟建工程的基本情况。同时,应附有拟建工程的平面、剖面简图,以补充文字说明的不足。

(1) 工程概况

工程概况是对拟建工程总体情况概括性的描

述，其目的是通过对工程的简要介绍，说明工程的基本情况，明确任务量、难易程度、施工重点难点、质量要求、限定工期等，以便制定能够满足工程要求的、合理、可行的施工方法、施工措施、施工进度计划和施工现场布置图。

（2）绿化设计

简述绿化总平面、绿化区块总平面、绿化区块平面索引、绿化区块定位、植物种类与规格、植物生长姿态要求、绿化种植土壤与地形要求、绿化苗木选取标准、苗木栽植要求、苗木支撑要求、草坪与地被施工要求、绿化养护标准等。

（3）景观设计

简述景观施工总平面布置、分区平面索引、景观建筑（构筑）物类型（如亭廊、管理用房、假山、水系、驳岸、园林桌椅、雕塑、标识牌）、各景点标高、地形标高、水系标高、给排水布置、灯具布置、喷灌系统布置，以及构件材料种类与型号要求等。

（4）工程特点与施工条件

简述地形地貌、土壤类别、地下水位、建筑、水景、给水、排水、园路、假山、园林植物、艺术小品等方面的工程特点，以及当地气温、风力、风向、雨量、霜冻、交通运输、材料供应、预制构件加工供应条件、施工机具供应、劳动力供应等施工条件。

7.3.3.2　施工方案

（1）拟定施工方法

拟定的施工方法重点要突出，技术要先进、实用且利于操作，成本要合理。要特别注意结合施工单位现有的技术力量、施工习惯、劳动组织特点等。要依据风景园林工程面大的特点，充分发挥机械作业的多样性和先进性。对于关键工程的重要工序或分项工程（如基础工程、混凝土工程）、特殊结构工程（如园林古建、现代塑山）及专业性强的工程（如假山工程、自控喷泉安装）等均应制定详细、具体的施工方法。

（2）制定施工措施

在确定施工方案时不仅要提出具体的施工方法，还要提出采取的相应施工措施。主要包括施工技术规范、操作规程；质量控制指标和相关检查标准；夜间与季节性施工措施；降低工程施工成本措施；施工安全与消防措施等。

（3）施工方案技术经济比较

由于风景园林工程的复杂性和多样性，某项分部工程或施工阶段可能有好几种施工方法，构成多种施工方案。为了选择一个合理的施工方案，进行施工方案的技术经济比较是十分必要的。

施工方案技术经济比较主要有定性比较和定量比较两种。前者是结合经验进行一般的优缺点比较，如是否符合工期要求，是否满足成本低、效益高的要求，是否切合实际，是否达到比较先进的技术水平，材料、设备是否满足要求，是否有利于保证工程质量和施工安全等；定量比较是通过计算出劳动力、材料消耗、工期长短及成本费用等经济指标进行比较，从而得出优选方案。

7.3.3.3　施工进度计划

施工进度计划是在预定工期内以施工方案为基础编制的，要求以最低的施工成本合理安排施工顺序和工程进度。

（1）施工进度计划编制步骤

①工程项目分类　工程项目通常按预算定额的分部工程进行分类。根据预算定额，风景园林工程通常分为园林绿化工程、园路（桥）工程、园林景观工程、土方工程、砌筑工程、钢筋混凝土工程、装饰装修工程、砖细工程、石作工程、琉璃工程、屋面工程、仿古木作工程、地面工程、抹灰工程、油漆工程等分部。

②工程量计算　按施工图纸和预算定额工程量计算规则逐项计算。

③劳动量和机具台班数的确定

劳动量=工程量×时间定额

机具台班数=工程量×机具时间定额

④工期的确定　合理工期应满足三个条件，即最小劳动组合、最小工作面和最适宜工作人数。最小劳动组合是指某个工序正常、安全施工时的组合人数；最小工作面是指每个工作人员或班组

进行施工时必须有足够的工作面；最适宜工作人数即最可能安排的人数。

（2）施工进度计划的编制

按照上述编制步骤，将计算出的各因素填入表7-2中，即成为最为常见的施工进度计划，此种格式也称横道图或条形图。

表7-2 施工进度计划

项次	分部（分项）名称	工程量		劳动量	机具		每天工作人数	施工进度（天）			
		单位	数量		名称	台班		5	10	15	…

7.3.3.4 资源需用量计划

（1）劳动力需用量计划

劳动力需用量计划主要是作为安排劳动力的平衡、调配和衡量劳动力耗用指标、安排生活福利设施的依据，其编制方法是将施工进度计划表内所列各施工过程每天（或每旬、每月）所需工人人数按工种汇总。

（2）主要材料需用量计划

主要材料需用要量计划是备料、供料和确定仓库、堆场面积及组织运输的依据，其编制方法是将施工进度计划表中各施工过程的工程量，按材料名称、规格、数量、使用时间计算汇总。当某分部（分项）工程由多种材料组成时，应按各种材料分类计算，如混凝土工程应换算成水泥、砂、石、外加剂和水的数量列入表格。

（3）苗木、构件和半成品需用量计划

苗木、构件半成品需要量计划主要用于落实供应单位，并按照所需规格、数量、时间，组织采苗、加工、运输和确定仓库或堆场。

（4）施工机具需用量计划

施工机具需用量计划主要用于确定施工机具的类型、数量、进场时间，可据此落实施工机具来源，组织进场。其编制方法是将单位工程施工进度计划表中的每个施工过程每天所需的机具类型、数量和施工日期进行汇总。

7.3.3.5 施工现场平面布置

施工现场平面布置图是指导工程现场施工的平面布置简图，它主要解决施工现场的合理工作面问题，其设计依据是施工图纸、施工方案和施工进度计划。

施工现场平面布置图主要包括工程施工范围；建造临时性建筑的位置与范围；已有的建筑物和地下管道；施工道路、进出口位置；测量基线、控制点位置；材料、设备和机具堆放点，机具安装地点；供水、供电线路、泵房及临时排水设施；消防设施位置。

绘制施工现场平面布置图时需要注意以下事项：

①尽量减少占用施工用地，平面空间合理有序。

②尽可能利用场地周边原有建筑做临时用房，或沿周边布置。

③临时道路宜简，且有合理进出口。

④供水供电线路要最短，减少临时设施和临时管线。

⑤最大限度减少现场运输，特别是场内的多次搬运。

⑥符合劳动保护、施工安全和消防要求。

思考题

1. 风景园林工程施工组织设计有哪些分类？
2. 风景园林工程施工组织设计有哪些基本原则？
3. 风景园林工程施工组织总设计有哪些编制依据？
4. 风景园林工程施工组织总设计包括哪些编制内容？
5. 风景园林单位工程施工组织设计有哪些编制依据？
6. 风景园林单位工程施工组织设计包括哪些编制内容？

推荐阅读书目

1. BIM施工组织设计与管理. 李宁主编. 重庆大学出版社, 2022.
2. 施工组织设计. 卢青主编. 机械工业出版社, 2021.

拓展阅读

BIM 施工组织设计

目前，建筑信息模型（building information model，BIM）技术已经被广泛应用在施工组织设计中。在施工方案制定环节，利用BIM技术可以进行施工模拟，分析施工组织、施工方案的合理性和可行性，排除可能的问题。在施工过程中，将成本、进度等信息要素与模型集成，形成完整的5D施工模拟（骆汉宾，2021）。整个模拟过程包括了施工工序、施工方法、设备调用、资源配置等。通过模拟发现不合理的施工程序、设备调用程序与冲突、资源的不合理利用、安全隐患、作业空间不充足等问题，可以及时更新施工方案，以解决相关问题。施工过程模拟、优化是一个重复的过程，即初步方案→模拟→更新方案，直至找到一个最优的施工方案，尽最大可能实现"零碰撞、零冲突、零返工"，从而降低不必要的返工成本，减少资源浪费与施工安全问题。同时，施工模拟也为项目各参建方提供了沟通与协作的平台，帮助各方及时、快捷地解决各种问题，从而大大提高了工作效率，节省了大量时间。

第8章
风景园林工程项目成本管理

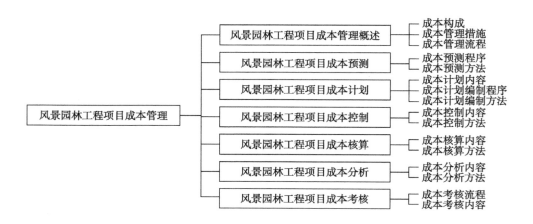

学习目标

初级目标：熟悉风景园林工程项目成本构成与管理措施、成本预测、成本计划、成本控制、成本核算、成本考核的概念等知识性内容。

中级目标：掌握风景园林工程项目成本管理的流程，掌握风景园林工程项目成本预测、成本计划、成本控制、成本核算、成本分析、成本考核的方法。

高级目标：风景园林工程项目成本预测、成本计划、成本控制、成本核算、成本分析、成本考核方法的实践应用。

任务导入

北宋绍圣四年（1097年），李诫受命重新编修《营造法式》，元符三年（1100年）成书，使之成为北宋官方颁布的一部建筑设计、施工的规范书，也是中国古籍中最完整的一部建筑技术专书（刘福知，2013）。《营造法式》全书34卷，分释名、制度、功限、料例和图样五部分。书中对生产成本予以详细核算，核算的标准是"本功"。所谓"本功"，就是把本来应得或应耗的"功"定为十分，以此为标准进行用料核算和用功核算。如人功核算采用"功分三等，第为精粗之差；役辩四时，用度短长之晷"，即按一年四季日照时间的长短，将劳动日分为三等（李敖，2016）。按照自然形态时日的长短，将夏历四、五、六、七月定为"长功"，二、三、八、九月定为"中功"，十、十一、十二、正月定为"短功"。在计算人功时，以中功为标准，其工值为十分，"长功加一分，短功减一分"，即长、短功各增减10%（方宝璋，2017）。

请思考：风景园林工程项目成本核算的主要内容。

8.1 风景园林工程项目成本管理概述

8.1.1 风景园林工程项目成本构成

8.1.1.1 直接成本

直接成本是指施工过程中直接耗费的构成工程实体或有助于工程形成的各项支出，包括人工费、材料费、施工机具使用费和措施项目费。

（1）人工费

人工费是指支付给从事风景园林工程施工作业的生产工人的各项费用，包括计时工资或计件工资、奖金、津贴补贴、加班加点工资、特殊情况下支付的工资。

（2）材料费

材料费是指施工过程中耗费的原材料、辅助材料、构配件、零件、半成品或成品、工程设备的费用，包括材料原价、运杂费、运输损耗费、采购及保管费。

（3）施工机具使用费

施工机具使用费是指施工作业所发生的施工机械使用费、仪器仪表使用费，其中，施工机械使用费是指施工机械作业发生的使用费，其构成基本要素是施工机械台班消耗量和机械台班单价；仪器仪表使用费是指工程施工使用的仪器仪表的摊销及维修费用。

（4）措施项目费

措施项目费是指为完成风景园林建设工程施工，发生于该工程施工前和施工过程中的技术、生活、安全、环境保护等方面的费用。包括环境保护费、文明施工费、安全施工费、临时设施费、夜间施工增加费、二次搬运费、冬雨季施工增加费、地上地下临时保护设施费、行车行人干扰增加费、已完工程及设备保护费、工程定位复测费、特殊地区施工增加费、大型机械设备进出场及安拆费、混凝土模板及支架费、脚手架费、草绳绕树干费、树木支撑费、搭设遮阴（防寒）棚费、围堰费、排水费、反季节栽植措施费等。

8.1.1.2 间接成本

间接成本是指项目经理部为施工准备、组织和管理施工生产所发生的与成本核算对象相关联的全部施工间接费用支出，包括企业管理费和规费。企业管理费是指风景园林工程企业组织施工生产和经营管理所需的费用；规费是指按国家法律、法规规定，由省级政府和省级有关权力部门规定必须缴纳或计取的费用，包括社会保险费、住房公积金和工程排污费。

8.1.2 风景园林工程项目成本管理措施

8.1.2.1 组织措施

组织措施是从施工成本管理的组织方面采取的措施。风景园林工程项目成本控制是全员的活动，如实行项目经理责任制，落实风景园林工程项目成本管理的组织机构和人员，明确各级风景园林工程项目成本管理人员的任务和职能分工、权利和责任。风景园林工程项目成本管理不仅是专业成本管理人员的工作，各级项目管理人员都负有成本控制责任。

8.1.2.2 技术措施

施工过程中降低成本的技术措施，包括进行技术经济分析，确定最佳的施工方案；结合施工方法，进行材料使用的比选；确定最合适的施工机具、设备使用方案；结合项目的施工组织设计及自然地理条件，降低材料的库存成本和运输成本；应用先进的施工技术、新材料，使用新开发的机械设备等。

8.1.2.3 经济措施

经济措施是最易为人们所接受和采用的措施。管理人员应编制资金使用计划，确定、分解施工成本管理目标；对施工成本管理目标进行风险分析，并制定防范性对策；对各种支出，应认真做好资金的使用计划，并在施工中严格控制各项开支；及时准确地记录、收集、整理、核算实际发生的成本；对各种变更，及时做好增减账，及时落实业主签证，及时结算工程款。

8.1.2.4 合同措施

采用合同措施控制施工成本，应贯穿整个合同周期，包括从合同谈判开始到合同终结的全过程。首先，选用合适的合同结构，对各种合同结构模式进行分析、比较，在合同谈判时，争取选用适合于工程规模、性质和特点的合同结构模式。其次，在合同条款中应仔细考虑一切影响成本的因素，特别是潜在的风险因素。通过对引起成本变动的风险因素的识别和分析，采取必要的风险对策。在合同执行期间，合同管理措施既要密切注视对方合同执行的情况，以寻求合同索赔的机会；同时，也要密切关注自己履行合同的情况，以防止被对方索赔。

8.1.2.5 信息管理措施

信息管理措施即采用大数据、云计算辅助风景园林工程项目成本控制。通过对大数据、云计算的合理运用，将项目全过程成本数据横向、纵向打通，实现成本数据化、在线化、动态化，打破传统项目管理依附性强、共享性低、时效性久的限制，有效地实现项目过程成本控制。

8.1.3 风景园林工程项目成本管理流程

风景园林工程项目成本管理的主要流程包括成本预测、成本计划、成本控制、成本核算、成本分析和成本考核等。风景园林工程项目成本管理的每一个环节都是相互联系和相互制约的。成本预测是成本计划的编制基础；成本计划是开展成本控制和成本核算的基础；成本控制能对成本计划的实施进行监督，保证成本计划的实现；成本核算是成本计划是否实现的最后检查，它所提供的成本信息又是成本预测、成本计划、成本控制和成本考核等的依据；成本分析为成本考核提供依据，也为未来的成本预测与成本计划指明方向；成本考核是实现成本目标责任制的保证和手段，如图8-1所示。

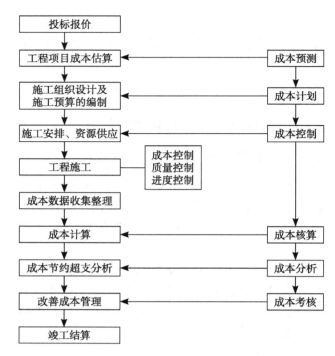

图8-1 项目成本管理流程图

8.2 风景园林工程项目成本预测

风景园林工程项目成本预测是指风景园林工程施工承包单位及其项目经理部有关人员凭借历史数据和工程经验，运用一定方法对工程项目未来的成本水平及其可能的发展趋势作出科学估计。成本预测时，通常是对工程项目计划期内影响成本的因素进行分析，比照近期已完工工程项目或将完工工程项目的成本，预测这些因素对项目成本的影响程度，估算出工程项目的单位成本或总成本。科学的成本预测需要预测结果具有近似性，预测结论具有可修正性。

8.2.1 风景园林工程项目成本预测程序

8.2.1.1 环境调查

环境调查主要包括风景园林行业各类工程的成本水平，本企业各地区、各类型工程项目的成本水平和目标利润，建筑材料、苗木材料、劳务供应情况、市场价格及其变化趋势，可能采用的新技术、新材料、新工艺及其对成本的影响等。

8.2.1.2 收集资料

收集资料主要包括企业下达的有关成本指标、历史上同类项目的成本资料、项目所在地的成本水平，以及定额、项目技术特征、交通、能源供应等与项目成本有关的其他资料。

8.2.1.3 选择预测方法

选择预测方法时，应考虑到时间与精度的要求，如定性预测多用于10年以上的预测，定量预测则多用于10年以下的中期和短期预测。另外，还应根据已有数据的特点，选择相应的模型。

8.2.1.4 预测结果分析

利用模型进行预测的结果只是反映历史的一般发展情况，并不能反映可能出现的突发性事件对成本变化趋势的影响，况且预测模型本身也有一定的误差。因此，必须对预测结果进行分析。

8.2.1.5 提出预测报告

根据预测结果分析的结论，最终确认预测结果，并在此基础上提出预测报告。将预测报告确定的工程项目目标成本，作为编制成本计划与实施成本控制的依据。

8.2.2 风景园林工程项目成本预测方法

8.2.2.1 定性预测

定性预测是指项目经理部根据专业知识和实践经验，通过调查研究，利用已有资料，对成本费用的发展趋势及可能达到的水平所进行的分析和推断。由于定性预测主要依靠管理人员的素质和判断能力，因而这种方法必须建立在对工程项目成本费用的历史资料、现状及影响因素深刻了解的基础上。这种方法简便易行，在资料不多、难以进行定量预测时最为适用。

定性预测方法有许多种，最常用的是调查研究判断法，即依靠专家预测未来成本的方法，所以也称专家预测法（刘晓丽，2018）。采用这种方法，一般要事先向专家提供成本信息资料，由专家经过研究分析，根据自己的知识和经验，对未来成本发展趋势作出个人的判断；然后综合分析各专家的意见，形成预测的结论。预测结果的准确性，取决于被调查专家的代表性和广泛性，以及专家知识和经验的广度和深度。

8.2.2.2 定量预测

定量预测也称统计预测，它是利用历史成本费用统计资料及成本费用与影响因素之间的数量关系，通过建立数学模型来推测、计算未来成本费用的可能结果。在成本费用预测中，常用的定量预测方法有高低点法、加权平均法、回归分析法、本量利分析法等（杨琳 等，2021）。

8.3 风景园林工程项目成本计划

风景园林工程项目成本计划是指在成本预测的基础上，以货币形式预先规定计划期内项目施工的耗费和成本所要达到的水平，或确定各个成本项目要达到的降低额和降低率，提出保证成本计划实施所需要的主要措施方案。项目成本计划一旦确定，就应按成本管理层次、有关成本项目及项目进展的各阶段对成本计划加以分解，层层落实到部门、班组，并制定各级成本实施方案。

8.3.1 风景园林工程项目成本计划内容

8.3.1.1 编制说明

编制说明是指对风景园林工程的范围、合同条件、企业对项目经理提出的责任成本目标、项目成本计划编制的指导思想和依据等的具体说明。

8.3.1.2 成本计划指标

项目成本计划的指标应经过科学分析预测确

定，可以采用对比法、因素分析法等进行测定。项目成本计划一般包含以下三类指标：

①成本计划的数量指标　如按子项汇总的工程项目计划总成本指标，按分部汇总的各单位工程计划成本指标，按人工、材料、机械等各主要生产要素汇总的计划成本指标等。

②成本计划的质量指标　如设计预算成本计划降低率、责任目标成本计划降低率。

③成本计划的效益指标　如设计预算成本计划降低额、责任目标成本计划降低额。

8.3.1.3　成本计划汇总表

成本计划汇总表可分为按工程量清单列出的单位工程计划成本汇总表（表8-1）和按成本性质划分的单位工程成本汇总表。

表8-1　单位工程计划成本汇总表

序号	清单项目编码	清单项目名称	合同价格	计划成本
1				
2				
...				

根据清单项目的造价分析，分别对人工费、材料费、机械费、措施费、企业管理费等进行汇总，形成按成本性质划分的单位工程成本计划表。

8.3.2　风景园林工程项目成本计划编制程序

成本计划的编制程序，因项目的规模大小、管理要求不同而异，大中型项目一般采用分级编制的方式，即先由各部门提出部门成本计划，再由项目经理部汇总编制全项目工程的成本计划；小型项目一般采用集中编制方式，即由项目经理部先编制各部门成本计划，再汇总编制全项目的成本计划。无论采用哪种方式，其编制的基本程序如图8-2所示。

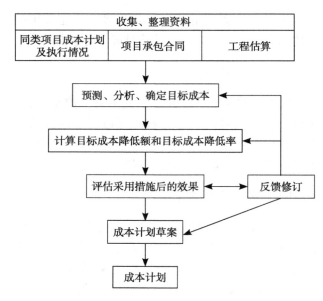

图8-2　成本计划编制基本程序

8.3.3　风景园林工程项目成本计划编制方法

8.3.3.1　施工预算法

施工预算法是指以施工图为基础，以施工方案、施工定额为依据，通过本企业人工、材料、机具等资源的消耗量指标与企业内部价格确定各分部（分项）工程的成本，然后将各分部（分项）工程成本汇总，得到整个项目的成本支出。

8.3.3.2　合同价调整法

合同价调整法是一种外推法，根据已有的中标合同价、施工图预算价款确定总的价差额，确定各个工程量清单中哪些成本必须保证，哪些成本可以降低。对可以降低的项目，依据平均降低程度，将实际情况、风险与可能性综合考虑，对预算成本予以调整，得出计划成本。

8.3.3.3　目标利润法

目标利润法是指根据项目的合同价格扣除目标利润后得到目标成本的方法。在采用正确的投标策略和方法并以最理想的合同价中标以后，项目经理部从标价中减去预期利润、税金、应上缴的管理费等，之后的余额即项目实施中所能支出的最大限额。

8.3.3.4 技术进步法

技术进步法是指以项目计划采取的技术组织措施所能取得的经济效果作为项目成本的降低额，从而计算出项目目标成本的方法。

8.3.3.5 按实计算法

按实计算法是指以工程项目的实际资源消耗测算为基础，根据所需资源的实际价格，详细计算各项活动或各项成本组成的目标成本。

8.3.3.6 定率估算法

定率估算法，也称历史资料法，是当项目非常庞大且复杂而需要分为几个部分时所采用的方法。首先将项目分为若干个子项目，参照同类项目的历史数据，采用算术平均法计算子项目目标成本的降低额和降低率，然后汇总整个项目目标成本的降低额和降低率。

8.4 风景园林工程项目成本控制

风景园林工程项目成本控制是指在风景园林工程项目实施过程中，对影响工程项目成本的各项要素，即施工生产所耗费的人力、物力和各项费用开支，采取一定措施进行监督、调节和控制，及时预防、发现和纠正偏差，保证工程项目成本目标的实现。成本控制是工程项目成本管理的核心内容，也是工程项目成本管理中不确定因素最多、最复杂、最基础的管理内容。

8.4.1 风景园林工程项目成本控制内容

8.4.1.1 计划预控

计划预控是指运用计划管理的手段事先做好各项施工活动的成本安排，使风景园林工程项目预期成本目标的实现建立在有充分技术和管理措施保障的基础上，为工程项目技术与资源的合理配置和消耗控制提供依据。

8.4.1.2 过程控制

过程控制是指控制实际成本的发生，包括实际采购费用发生过程的控制、劳动力和生产资料使用过程的消耗控制、质量成本及管理费用的支出控制。

8.4.1.3 纠偏控制

纠偏控制是指在风景园林工程项目实施过程中，对各项成本进行动态跟踪核算，发现实际成本与目标成本产生偏差时，分析原因，采取有效措施予以纠偏。

8.4.2 风景园林工程项目成本控制方法

8.4.2.1 项目成本分析表法

项目成本分析表法是指利用项目中的各种表格进行成本分析和成本控制的一种方法。应用成本分析表法可以很清晰地进行成本比较研究。常见的成本分析表有月成本分析表、成本日报或周报表、月成本计算及最终成本预测报表。

8.4.2.2 工期成本同步分析法

成本控制与进度控制之间有着必然的同步关系，因为成本是伴随着工程进展而发生的。如果成本与进度不对应，说明工程项目进展中出现虚盈或虚亏的不正常现象。施工成本的实际开支与计划不相符，往往是由两个因素引起的：一是在某道工序上的成本开支超出计划；二是某道工序的施工进度与计划不符。因此，要想找出成本变化的真正原因，实施良好有效的成本控制措施，必须将成本与进度计划的适时更新相结合。

8.4.2.3 挣值法

挣值法也称赢得值法（earned value management，EVM），是对工程项目费用、进度进行综合控制的一种分析方法，其基本要素是用货币量代替工程量来测量工程的进度。它不以投入资金的多少来反映工程的进展，而是以资金已经转化为工程成果的量来衡量，是一种全面监控工程项目费用和进度整体状况的偏差分析方法。

（1）挣值法三个基本参数

①已完工作预算费用（budget cost of work performed，BCWP）是指在某一时间已经完成的工作，以批准认可的预算为标准所需要的资金总额。业主正是根据这个值为承包人完成的工作量支付相应的费用，也就是承包人挣得的金额，因而称挣得值或赢得值。

②计划工作预算费用（budget cost of work scheduled，BCWS）即根据进度计划，在某一时刻应当完成的工作，以批准认可的预算为标准所需要的资金总额。一般来说，除非合同有变更，BCWS在工程实施过程中应保持不变。

③已完工作实际费用（actual cost of work performed，ACWP）即到某一时刻为止，已完成的工作所实际花费的总金额。

（2）挣值法四个评价指标

①费用偏差（CV）

$$CV=BCWP-ACWP$$

当$CV<0$时，表示项目运行的实际费用超出预算费用；当$CV>0$时，表示项目实际运行费用节支；当$CV=0$时，表示实际费用与预算费用一致。

②进度偏差（SV）

$$SV=BCWP-BCWS$$

当$SV<0$时，表示进度延误，即实际进度落后于计划进度；当$SV>0$时，表示实际进度提前；当$SV=0$时，表示实际进度与计划进度一致。

③费用绩效指数（CPI）

$$CPI=BCWP/ACWP$$

当$CPI<1$时，表示实际费用高于预算费用，超支；当$CPI>1$时，表示实际费用低于预算费用，节支；当$CPI=1$时，表示实际费用与预算费用一致。

④进度绩效指数（SPI）

$$SPI=BCWP/BCWS$$

当$SPI<1$时，表示实际进度比计划进度拖后；当$SPI>1$时，表示实际进度比计划进度提前；当$SPI=1$时，表示实际进度与计划进度一致。

（3）挣值法评价曲线

挣值法评价曲线如图8-3所示，图中横坐标表示时间，纵坐标则表示费用。BCWS曲线为计划工作量的预算费用曲线，表示项目投入的费用随时间的推移在不断积累，直至项目结束达到其最大值，所以曲线呈S形，也称为S曲线。ACWP曲线为已完成工作量的实际费用曲线，同样是进度的时间参数，随项目推进而不断增加，也是呈S形的曲线。利用挣值法评价曲线可进行费用进度评价。如图8-3所示的项目，$CV<0$，$SV<0$，表示该项目费用超支，进度延误，项目执行效果不佳，应采取相应的补救措施。

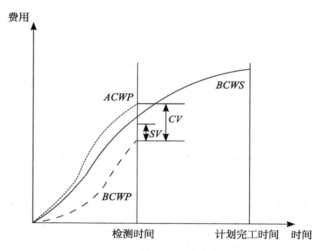

图8-3 挣值法评价曲线

8.4.2.4 价值工程方法

价值工程方法是研究如何以最低寿命周期成本，可靠地实现工程项目的必要功能，而致力于功能分析的一种有组织的技术经济思想方法和管理技术。价值工程方法是对工程项目进行事前成本控制的重要方法，在工程项目施工阶段，研究施工技术和组织的合理性，在保证工程项目要求的必要功能前提下，探索有无改进的可能性，确定最佳施工方案，降低施工成本，以达到使工程增值的最终目标。

8.5 风景园林工程项目成本核算

风景园林工程项目成本核算是风景园林工程施工企业利用会计核算体系，对风景园林工程项目施工过程中所发生的各项费用进行归集，统计其实际发生额，并计算风景园林工程项目总成本和单位工程成本的管理工作。风景园林工程项目一般以每一个独立编制施工图预算的单位工程为成本核算对象，但也可以按照风景园林工程项目的规模、工期、景观类型、施工组织设计等情况，结合成本控制的要求，灵活划分成本核算对象。

8.5.1 风景园林工程项目成本核算内容

8.5.1.1 人工费核算

人工费核算一般应根据风景园林工程企业实行的具体工资制度而定。在实行计件工资制度时，所支付的工资一般能分清受益对象，应根据工程任务单和工资计算汇总表将归集的工资直接计入成本核算对象的人工费成本项目中。实行计时工资制度时，在只存在一个成本核算对象或者所发生的工资能分清是服务于哪个成本核算对象时，方可将其直接计入，否则需将所发生的工资在各个成本核算对象之间进行分配，再分别计入。

8.5.1.2 材料费核算

材料费核算应根据限额领料单、退料单、报损报耗单、大堆材料耗用计算单等计入工程项目成本。凡领料时能点清数量、分清成本核算对象的，应在有关领料凭证上注明成本核算对象名称，据以计入成本核算对象。领料时虽能点清数量，但需集中配料或统一下料的，则由材料管理人员或领用部门结合材料消耗定额将材料费分配计入各成本核算对象。领料时不能点清数量和分清成本核算对象的，由材料管理人员或施工现场保管员保管，月末实地盘点结存数量，结合月初结存数量和本月购进数量，倒推出本月实际消耗量，再结合材料耗用定额，编制大堆材料耗用计算表，据以计入各成本核算对象的成本。工程竣工后的剩余材料应填写退料单，据以办理材料退库手续，同时冲减相关成本核算对象的材料费。

8.5.1.3 机具使用费核算

机具使用费应按自有机具和租赁机具分别加以核算。自有机具费应按各个成本核算对象实际使用的机具台班数计算所分摊的机具使用费，分别计入不同的成本核算对象成本。从外单位或本企业内部独立核算的机具站租入施工机具支付的租赁费，直接计入成本核算对象的机具使用费。如租入的机具是为两个或两个以上的工程服务，应以租入机具所服务的各个工程受益对象提供的作业台班数量为基数进行分配。

8.5.1.4 措施费核算

凡能分清受益对象的措施费，应直接计入受益成本核算对象。如与若干个成本核算对象有关，可先归集到措施费总账中，月末再按适当的方法分配计入有关成本核算对象的措施费。

8.5.1.5 间接成本核算

凡能分清受益对象的间接成本，应直接计入受益成本核算对象，否则先在项目间接成本总账中进行归集，月末再按一定的分配标准计入受益成本核算对象。

8.5.2 风景园林工程项目成本核算方法

8.5.2.1 表格核算法

表格核算法是指建立在内部各项成本核算基础之上，各要素部门和核算单位定期采集信息，填制相应的表格，并通过一系列的表格，形成项目成本核算体系，作为支撑项目成本核算平台的方法。表格核算法需要依靠众多部门和单位支持，专业性要求不高。其优点是比较简洁明了，直观易懂，易于操作，适时性较好；缺点是覆盖范围较窄，核算债权、债务等比较困难，且较难实现科学严密的审核制度，有可能造成数据失实，精度较差。

8.5.2.2 会计核算法

会计核算法是指建立在会计核算基础上，利用会计核算所独有的借贷记账法和收支全面核算的属性，按项目成本内容和收支范围，组织项目成本的核算。其优点是核算严密，逻辑性强，人为控制的因素较小，核算范围较大；缺点是对核算人员的专业水平要求较高。

8.6 风景园林工程项目成本分析

8.6.1 风景园林工程项目成本分析内容

8.6.1.1 综合成本分析

综合成本是指涉及多种生产要素并受多种因素影响的成本费用，如分部（分项）工程成本，月（季）度成本、年度成本等。

（1）分部（分项）工程成本分析

分部（分项）工程成本分析的对象为已完分部（分项）工程，分析预算成本、计划成本和实际成本的"三算"对比，分别计算实际偏差和目标偏差，分析偏差产生的原因，为今后的分部（分项）工程成本寻求节约途径。

（2）月（季）度成本分析

月（季）度成本分析是风景园林工程施工项目定期的、经常性的中间成本分析。对于有一次性特点的施工项目来说，有着特别重要的意义。因为通过月（季）度成本分析，可以及时发现问题，以便按照成本目标指示的方向进行监督和控制，保证项目成本目标的实现。

（3）年度成本分析

由于项目的施工周期一般都比较长，除了要进行月（季）度成本的核算和分析外，还要进行年度成本的核算和分析。通过年度成本的综合分析，可以总结一年来成本管理的成绩和不足，为今后的成本管理提供经验和教训，从而对项目成本进行更有效的管理。

8.6.1.2 成本项目分析

成本项目分析主要是指对人工、材料、机具等成本组成要素的分类分析（杨晓林，2021）。

（1）人工费分析

在实行管理层和作业层分离的情况下，对项目施工需要的人工，由项目经理部代表公司与施工队签订劳务承包合同，明确承包范围、承包金额，以及双方的权利和义务。项目经理部应结合劳务合同管理，对人工费的增减进行分析。

（2）材料费分析

材料费分析包括原材料费用、周转材料使用费及材料储备资金分析。原材料费用的高低，主要受价格和消耗数量等因素的影响；周转材料使用费的节约或超支，取决于周转材料的周转利用率和损耗率；根据日平均用量、材料单价和储备天数进行材料储备资金分析。

（3）机具使用费分析

由于项目施工具有一次性的特点，项目经理部一般不可能拥有全部的机具设备，而是根据施工的需要，向企业动力部门或外单位租用。由于风景园林工程施工的特点，在流水作业和工序搭接上往往会出现某些必然或偶然的施工间隙，影响施工机具的连续作业，致使施工机具利用率不足等问题。租赁机具利用率低下或租而不用，台班费照付，项目经理部应结合施工进度计划和资源需要量计划进行机具使用费分析。

（4）措施费分析

主要通过预算数与实际数的比较来进行措施费分析。如果没有预算数，可以用计划数代替预算数。

（5）间接成本分析

通过预算（或计划）数与实际数的比较来进行间接成本分析。

8.6.2 风景园林工程项目成本分析方法

8.6.2.1 比较法

比较法又称指标对比分析法，是指通过技术

经济指标的对比检查目标的完成情况，分析产生差异的原因，进而挖掘内部潜力的方法。比较法通常有本期实际指标与目标指标对比、本期实际指标与上期实际指标对比、本期实际指标与本行业平均水平对比、本期实际指标与先进水平对比。

8.6.2.2 因素分析法

因素分析法是把某一综合指标分解为若干个相互联系的因素，通过一定的计算方法，定量分析确定各因素影响程度的方法。连环替换法和差额计算法是因素分析法最常见的方法。

（1）连环替代法

连环替代法又称连锁替代法，是在诸因素中按顺序把其中一个因素当作可变的，其他因素当作暂时不变的，进行逐项替代，分别求出各个因素变动对成本的影响程度的一种分析方法。其计算步骤如下：

第一步：确定某项指标（即分析计算的对象）是由哪几个因素组成的，也就是根据该指标的计算公式确定影响指标变动的各个因素。

第二步：排定各个因素的顺序。

第三步：按排定的顺序计算基数。

第四步：按顺序将前面一个因数的基数替换为实际数，将每次替换以后的计算结果与前一次替换以后的计算结果进行对比，按顺序算出每个因素的影响程度，有几个因素就替换几次。

第五步：将各个因素影响程度（有正数、有负数）的代数值相加，即得实际数与基数之间的总差异数。

（2）差额计算法

差额计算法是利用各个因素的实际数与基数之间的差异计算各个因素变动对成本的影响程度，是连环替代法的简化形式。

8.6.2.3 比率法

比率法是指用两个以上指标的比例进行分析的方法。其基本特点是先把对比分析的数值变成相对数，再观察其相互之间的关系。常用的比率法有相关比率法、构成比率法、动态比率法。

8.6.2.4 两算对比法

两算对比法是指施工预算和施工图预算的对比分析。施工图预算确定的是工程预算成本，施工预算确定的是工程计划成本，它们是从不同角度计算的两本经济账。"两算"对比可采用实物量对比法和实物金额对比法。

（1）实物量对比法

实物量是指分部（分项）工程中所消耗的人工、材料和机具台班消耗的实物数量。对比是将"两算"中相同项目所需要的人工、材料和机具台班消耗量进行比较，或以分部（分项）工程及单位工程为对象，将"两算"的人工、材料汇总数量进行比较。因"两算"各自的项目划分不完全一致，为使两者具有可比性，常常需要经过项目合并、换算才能进行对比。由于预算定额项目的综合性较施工定额项目大，一般是先合并施工预算项目的实物量，使其与预算定额项目相对应，再进行对比。

（2）实物金额对比法

实物金额是指分部（分项）工程所消耗的人工、材料和机具台班的金额费用。由于施工预算只能反映完成项目所消耗的实物量，并不反映其价值，为使施工预算与施工图预算能进行金额对比，就需要将施工预算中的人工、材料和机具台班的数量乘以各自的单价，汇总成人工费、材料费和机具台班使用费，然后与施工图预算的人工费、材料费和机具台班使用费进行比较。

8.7 风景园林工程项目成本考核

风景园林工程项目成本考核是指在风景园林工程项目完成施工后，对工程项目成本形成中的各责任者，按风景园林工程成本目标责任制的有关规定，将成本的实际指标与计划、定额、预算进行对比和考核，评定工程项目成本计划的完成情况和各责任单位的业绩，并以此给予相应的奖励和处罚。

风景园林工程项目成本考核是衡量成本降低的实际成果，也是对成本指标完成情况的总结和评价，是对工程项目成本形成中的各级单位成本管理的成绩或失误所进行的总结与评价。

风景园林工程项目成本考核可以分为两个层次：一是企业对项目经理部的考核；二是项目经理部对所属部门、施工队和班组的考核。通过以上的层层考核，督促项目经理部、责任部门和责任者更好地完成自己的责任成本目标，从而形成实现项目成本目标的层层保证体系。

8.7.1 风景园林工程项目成本考核流程

风景园林工程项目成本考核一般都是建立在成本分析的基础之上的。风景园林工程项目成本考核流程如图8-4所示。

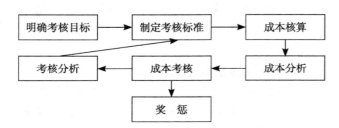

图8-4 风景园林工程项目成本考核流程

明确考核目标是制定考核标准的前提条件，考核标准制定完成之后才能结合成本考核的需求进行成本核算，成本核算为成本分析提供了数据支持，成本分析又是进行成本考核的依据，成本考核之后必须要对考核进行分析，从而发现成本考核标准中存在的问题，进而为制定新的成本考核标准提供依据。同时，成本考核之后必须实行奖优罚劣，这样才能更好地调动企业员工参与成本管理的积极性。

8.7.2 风景园林工程项目成本考核内容

8.7.2.1 企业对项目经理部考核的内容

①项目成本目标和阶段成本目标的完成情况。
②建立以项目经理为核心的成本管理责任制的落实情况。
③成本计划的编制和落实情况。
④对各部门、各施工队和班组责任成本的检查和考核情况。
⑤在成本管理中贯彻责权利相结合原则的执行情况。

8.7.2.2 项目经理部对所属各部门、各施工队和班组考核的内容

（1）对各部门的考核内容

主要包括本部门、本岗位责任成本的完成情况和本部门、本岗位成本管理责任的执行情况。

（2）对各施工队的考核内容

主要包括对劳务合同规定的承包范围和承包内容的执行情况，劳务合同以外的补充收费情况，对班组施工任务单的管理情况，以及班组完成施工任务后的考核情况。

（3）对施工班组的考核内容

以施工任务单和领料单的结算资料为依据，与施工预算进行对比，考核班组责任成本的完成情况。

思考题

1.风景园林工程项目成本由哪些部分构成？
2.风景园林工程项目成本管理措施有哪些？
3.风景园林工程项目成本管理流程是什么？
4.什么是风景园林工程项目成本预测？有哪些方法？
5.什么是风景园林工程项目成本计划？有哪些方法？
6.什么是风景园林工程项目成本控制？有哪些方法？
7.风景园林工程项目成本核算的内容有哪些？有哪些方法？
8.风景园林工程项目成本分析的内容有哪些？有哪些方法？
9.试述挣值法的应用。
10.什么是风景园林工程项目成本考核？成本考核的内容是什么？

推荐阅读书目

工程项目成本管理. 高倩，余佳佳主编. 西南交通大学出版社，2019.

拓展阅读

全寿命周期成本

全寿命周期成本是一种实现风景园林工程项目全寿命周期（包括建设前期、建设期、使用期和翻新与拆除期等阶段）总成本最小化的方法，是一种可审计跟踪的工程成本管理系统（张建平 等，2021）。

图8-5所示为全寿命周期成本最优化模型。横轴表示风景园林工程项目功能指标，纵轴表示成本指标。模型中根据功能值分别构建运行与维护成本曲线和建设成本曲线。两条曲线通过叠加组建全寿命周期总成本曲线，所形成的近似抛物线的顶点才是最佳的投资方案点，即当建设成本和运行维护成本之和达到最低点时才是最佳的投资方案点。

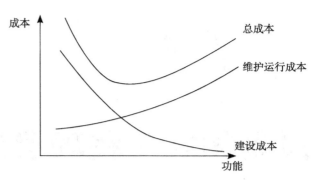

图8-5　全寿命周期成本最优化模型

从工程项目实施的角度来看，工程项目全寿命周期成本管理的思想和方法可以在综合考虑全寿命周期成本的前提下，使施工组织设计方案的评价、工程施工方案的确定等更加科学合理。

第9章
风景园林工程项目进度管理

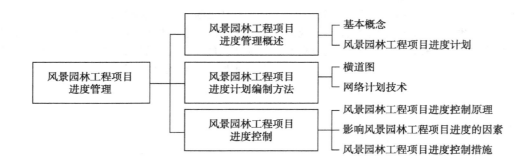

学习目标

初级目标：熟悉进度、进度指标、进度计划类型、网络图、工作、节点、线路、进度控制原理、影响进度因素、进度控制措施等知识性内容。

中级目标：掌握进度计划编制的依据、基本要求与编制程序，辨析网络图的逻辑关系，准确计算网络图时间参数，准确确定关键工作和关键线路。

高级目标：规范编制横道图进度计划、绘制双代号网络图。

任务导入

总建筑面积为 34 000m² 的武汉火神山医院从开始设计到建成完工历时 10 天，中国速度让世界惊奇，中国力量让各方点赞，中国精神让国人振奋（徐斌，2021）。2020年1月23日决定建设火神山医院，由中信建筑设计院、中南建设设计院等单位设计，中国建筑中建三局牵头，武汉建工、武汉市政、汉阳市政等单位负责场地平整，中国电建湖北装备公司、惠州亿纬锂能股份有限公司、华为技术有限公司、中国电信、中国移动等单位负责通水、通电、通信项目，各企业紧密配合、协同作战，于2020年2月2日建成交付（朱薇 等，2022）。

请思考：建设工程项目进度控制措施。

9.1 风景园林工程项目进度管理概述

9.1.1 基本概念

9.1.1.1 进度

进度通常是指工程项目实施结果的进展状况。工程项目进度是一个综合的概念，除工期外，还包括工程量、资源消耗等。进度的影响因素是多方面、综合性的，因而进度管理的手段及方法也应该是多方面的。

9.1.1.2 进度指标

按照一般的理解，工程进度既然是项目实施结果的进展状况，就应该以项目任务的完成情况，如工程数量来表达。但由于工程项目对象系统通常是复杂的，常常很难选定一个恰当的、统一的指标来全面反映工程的进度。例如，对于一个风景园林单位工程而言，它包括绿地整理、栽植花木、绿地喷灌、园路、园桥、驳岸、护岸等多个分部工程，而不同工程活动的工程数量单位是不同的，很难用工程完成的数量来描述单位工程、分部工程的进度（胡自军 等，2022）。

在现代工程项目管理中，人们赋予进度以结合性的含义，将工程项目任务、工期、成本有机地结合起来，由于每个工程项目在实施过程中都要消耗时间、劳动力、材料、成本等才能完成任务，而这些消耗指标是对所有工作都适用的消耗指标，因此，有必要形成一个综合性的指标体系，从而全面反映项目的实施进展状况。通常采用以下四种进度指标进行描述。

(1) 持续时间

持续时间是指项目或项目中的某项工程或工作从开工到结束所消耗的时间，是指已经实现的工期。人们常将持续时间与计划时间进行比较来衡量项目的进度状况。

(2) 工程数量

工程数量是指风景园林工程各分部（分项）工程的多少，它是按照工程量计算规则或预算定额的规定逐项计算出来的。表现为风景园林分部（分项）工程的长度、面积、体积、质量等，如绿地喷灌管线施工的长度（m）、硬质铺装的面积（m^2）、土方造型的体积（m^3）、假山的质量（t）等。人们常将实际完成的工程数量与计划完成的工程数量进行比较来衡量项目的进度状况。

(3) 投资额

投资额是指各分部（分项）的工程数量与相应合同价格或预算价格的乘积。将各不同性质的工程量从价值形态上进行统一，能够较好地反映由多种不同性质的工作所组成的复杂、综合性工程的进度状况。人们常用项目实际完成的投资额占计划总投资的比例来描述项目的进度状况。

(4) 资源消耗

常见的资源消耗指标有工时、机具台班、成本等，其具有统一性和较好的可比性。各种项目均可用它们作为衡量进度的指标，以便于统一分析尺度。在实际应用中，常常将资源消耗指标与持续时间指标结合在一起使用，以此来对工程进展状况进行全面分析。

9.1.1.3 进度管理

进度管理是指根据进度目标的要求，对工程项目各阶段的工作内容、工作程序、持续时间和衔接关系编制计划，将该计划付诸实施，在实施的过程中，经常检查实际工作是否按计划要求进行，对出现的偏差分析原因，采取补救措施或调整、修改原计划直至工程竣工、交付使用。进度管理的最终目的是确保项目工期目标的实现。

工程项目进度管理是风景园林工程项目管理的一项核心管理职能。由于风景园林工程项目是在开放的环境中进行的，生产过程中的人员、工具与设备的流动性，产品的单件性等都决定了进度管理的复杂性及动态性，必须加强项目实施过程中的跟踪控制。进度管理、成本管理、质量管理是工程项目建设中的三大目标。它们之间有着密切的相互依赖和制约关系。通常情况下，进度加快，需要增加成本支出，但工程能提前使用就可以提高投资效益；进度加快有可能影响工程质量，而质量控制严格则有可能影响进度，但如因质量的严格控制而不致返工，又会加快进度。因此，项目管理者在实施进度管理工作中，要对三个目标全面、系统地加以考虑，正确处理好进度、成本和质量的关系，提高工程建设的综合效益。

9.1.2 风景园林工程项目进度计划

9.1.2.1 风景园林工程项目进度计划及其类型

风景园林工程项目进度计划是规定各项工程的施工顺序、开竣工时间及相互衔接关系的计划，是在确定工程施工项目目标工期基础上，根据相应完成的工程量，对各项施工过程的施工顺序、起止时间、相互衔接关系及所需劳动力和各种技术物资供应所做的具体策划统筹安排。

根据不同的划分标准，进度计划的种类也不同，一般可按照以下四种划分标准进行分类。

（1）按计划时间划分

有总进度计划和阶段性计划。总进度计划是根据施工部署，计算各分部（分项）工程的工程量，确定劳动力、主要材料及施工机具设备的需要量，明确各分部（分项）工程的开工顺序和工期，控制项目施工全过程的指导性文件。阶段性计划包括项目年度、季度、月（旬）度施工进度计划等。月（旬）度施工进度计划是根据年度、季度施工计划，结合现场施工条件编制的具体执行计划。

（2）按计划功能划分

有控制性进度计划和作业性进度计划。控制性进度计划包括项目的总进度计划、分阶段进度计划、子项目进度计划、年（季）度计划，上述各项计划依次细化且被上层计划所控制。作业性进度计划包括分部（分项）工程进度计划和月（周）度作业计划，是施工项目作业的依据，用来确定具体的作业安排和相应对象或时段的资源需求。

（3）按计划对象划分

有单项工程进度计划、单位工程进度计划和分部（分项）工程进度计划。单项工程进度计划是以单项工程为对象编制的，它确定各单位工程施工顺序和开竣工时间及相互衔接关系；单位工程进度计划是对单位工程中的各分部（分项）工程的计划安排；分部（分项）工程进度计划是针对项目中某一部分或某一专业工种的计划安排。

（4）按计划表达形式划分

有文字说明计划与图表形式计划。文字说明计划是用文字来说明各阶段的施工任务，以及要达到的形象进度要求；图表形式计划是用图表形式表达施工的进度安排，有用横道图表示的进度计划、用网络图表示的进度计划等。

9.1.2.2 风景园林工程项目进度计划编制

（1）施工目标工期确定

为了提高项目进度计划的预见性和进度控制的主动性，在确定施工进度控制目标（施工进度目标工期）时，必须全面细致地分析影响项目进度的各种因素，采用多种决策分析方法，制定出一个科学、合理的施工目标工期。确定施工目标工期主要根据有：工程建设总进度目标对施工工期的要求；施工承包合同或指令性计划工期限制；工期定额或类似工程项目的施工时间；工程的难易程度和工程条件的落实情况；企业的组织管理水平和经济效益的要求等。

施工目标工期的确定通常可以采用以下方法。

①以正常工期为施工目标工期　正常工期是指与正常施工速度相对应的工期；正常施工速度是根据现有施工条件下制定的施工方案和企业经营的利润目标确定的，用以保证施工活动必要的劳动生产率，从而实现工程的施工计划。

②以最优工期为施工目标工期　最优工期是指总成本最低的工期，它可采用以正常工期为基础，应用工期成本优化的方法求得。直接费随工期的缩短而增加；间接费随工期的缩短而减少；把不同工期下的直接费和间接费叠加求出总成本曲线，总成本最低点对应的工期即为最优工期。

③以合同工期或指令工期为施工目标工期　通常情况下，风景园林工程施工承包合同中有明确的施工工期。此时，施工目标工期可参照合同工期，结合企业施工生产能力和资源条件确定，并充分估计各种可能的影响因素及风险，适当留有余地，保持一定提前量。这样，即使施工中发生不可预见的意外事件，也不会使施工工期产生太大的偏差。

在确定施工目标工期时，应充分考虑资源与进度需要之间的平衡，以确保进度目标的实现；还应充分考虑外部协作条件和项目所处的自然环境、社会环境和施工环境等。

（2）施工进度计划编制依据
①项目的工程承包合同中有关工期的规定。
②设计图纸和定额资料。定额资料包括工期定额、预算定额和施工定额。
③项目的施工管理规划和施工组织设计。
④材料、设备及资金的供应条件。
⑤施工单位可能投入的施工力量，包括劳动力和施工机具等。
⑥项目的外部条件及现场条件。
⑦已建成的同类或类似项目的实际施工进度等。

（3）施工进度计划编制基本要求
①保证拟建风景园林工程项目在合同规定的期限内完成，努力缩短施工工期。
②保证施工均衡性和连续性，尽量组织流水搭接，连续、均衡施工，减少现场工作面的停歇和窝工现象。
③尽可能地节约施工费用，在合理范围内，尽量缩小施工现场各种临时设施的规模。
④合理安排机械化施工，充分发挥施工机具的生产效率。
⑤合理组织施工，努力减少因组织安排不当等人为因素造成的时间损失和资源浪费。
⑥保证施工质量和安全。

（4）施工进度计划编制程序
①确定施工过程项目　为了保证施工进度计划明晰、准确、符合工程实际情况的要求，真正达到控制工程进度、协调各项辅助工作的目的，在确定施工过程项目时，首先，应在可能条件下尽量减少施工过程的数目，能够合并的项目尽可能予以合并，如栽植乔木就可以作为一个施工过程，而不必分为挖穴栽植、扶正回土、筑水围、浇水、覆土保墒、整形清理等施工工序；其次，施工项目的划分应结合施工方法来考虑，以保证施工进度计划能够完全符合施工进展的实际情况，如绿地整理工程就可以分为种植土回填、绿地起坡造型和整理绿化用地三个施工项目。

②计算工程量　计算工程量应根据施工图和工程量计算规则进行，一般可利用施工图预算的数据，但应注意以下几个问题：计量单位应与现行定额的单位一致；结合分部（分项）工程的施工方法和安全技术的要求计算工程量；按施工流水段的划分，列出分段的工程量，便于安排进度；可与施工预算的编制同时进行，避免重复。

③确定劳动力和机具台班需要量　根据施工过程的工程量、施工方法、预算定额和施工定额，结合施工单位的实际情况，确定计划采用的定额（时间定额和产量定额），以此计算劳动量和施工机具台班数。计算公式为：$p=Q/S$，$p=QH$，式中，p 为某施工过程所需劳动量（或施工机具台班数）；Q 为该施工过程的工程量；S 为计划采用的产量定额（或施工机具产量定额）；H 为计划采用的时间定额（或施工机具时间定额）。

④确定工作班次及施工天数　工作班制的选择应根据具体情况而定。在正常情况下宜采用一班制，但遇到特殊情况时，则可根据具体情况采用两班制或三班制工作。如有些施工过程，由于施工工艺要求必须连续施工，此时就要采用三班制施工；有些工程则由于工期要求较紧、工作面有限或工人数量满足不了要求，就要结合具体情况采用两班制或三班制生产。

施工过程的施工天数一般有两种确定方法。一是根据施工单位人力、物力的实际情况和工作面大小安排施工过程的施工天数；二是按照工期要求倒排进度，确定施工天数。

⑤编制施工进度计划　首先，找出并安排控制工期的主导施工过程，并使其他施工过程尽可能地与其平行施工或进行最大限度的搭接施工。

然后，在主导施工过程中，先安排其中主导的分项工程，其余的分项工程则与其配合、穿插、搭接或平行施工。

施工进度计划初步方案编制好后，应进一步检查，检查的主要内容包括：是否满足工期要求；资源（劳动力、材料及机具）的均衡性；工作队的连续性；施工顺序、平行搭接、技术或组织间歇时间等是否合理。根据检查结果，如有不足之处应予以调整，必要时应采取技术措施和组织措施，使有矛盾或不合理、不完善处的工序持续时间延长或缩短，以满足施工工期和施工的连续性、均衡性要求。

⑥检查与调整施工进度计划　检查各工作项目的施工顺序、平行搭接和技术间歇是否合理，总工期是否满足合同规定。同时，要对人工、材料、主要机具等进行检查与调整，以达到均衡施工的目的，取得良好的经济效益。

9.2　风景园林工程项目进度计划编制方法

风景园林工程项目进度计划编制运用的方法和技术主要有横道图、网络计划技术、里程碑、流水作业图等。本节主要介绍横道图和网络计划技术。

9.2.1　横道图

横道图又称甘特图，用图、表结合的形式直观反映工作时间与工作任务之间的关系，是一种简单且运用广泛的计划方法。通常表头为工作及简要说明，项目进展表示在时间表格上。横轴表示自然时间，纵轴表示项目内容，如图9-1所示。

按照所表示工作的详细程度，时间单位可以为小时、天、周、月等。通常这些时间单位用日历表示，此时可表示非工作时间，如停工时间、法定假日、假期等。根据横道图使用者的要求，工作可按照时间先后、责任、项目对象、同类资源等进行排序。

横道图计划表中的进度线（横道）与时间坐标相对应，这种表达方式较直观，易看懂计划编制的意图。但是，横道图进度计划法也存在一些问题，如工作之间的逻辑关系可以设法表达，但不易表达清楚，适用于手工编制计划；没有通过严谨的进度计划时间参数计算，不能确定计划的关键工作、关键路线与时差，计划调整只能通过手工方式进行，其工作量较大，难以适应大的进度计划系统。

9.2.2　网络计划技术

网络计划技术也称网络计划法，是利用网络计划进行生产组织与管理的一种方法。最有代表性的是关键线路法和计划评审法。这两种网络计划技术有一个共同的特征，即用网络图形来反映和表达进度计划的安排，所以习惯统称为网络计划技术。

所谓网络图是指由箭线和节点组成，用来表示工作流程的有向有序的网状图形。按节点和箭

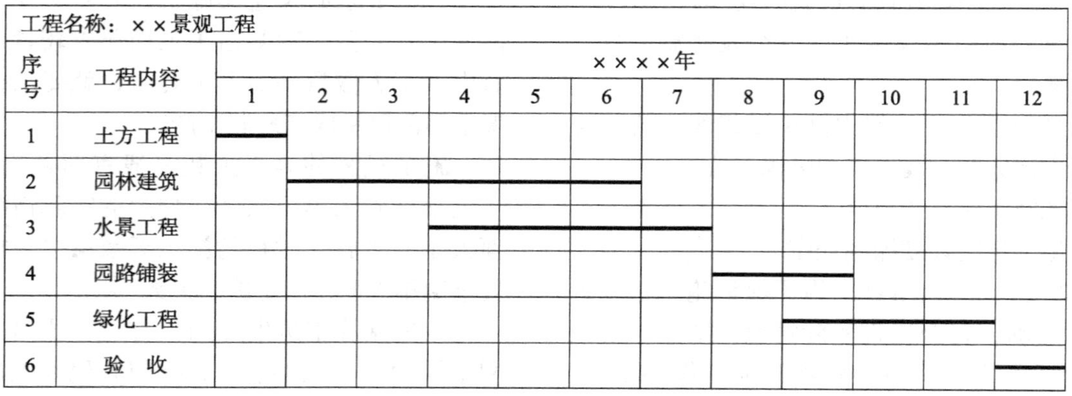

工程名称：××景观工程													
序号	工程内容	××××年											
		1	2	3	4	5	6	7	8	9	10	11	12
1	土方工程	━━											
2	园林建筑		━━━━━━										
3	水景工程				━━━━								
4	园路铺装								━━━				
5	绿化工程									━━━━			
6	验　收											━━	

图9-1　××景观工程横道图

线所代表的含义不同,可将网络图分为双代号网络图和单代号网络图两大类。

9.2.2.1 双代号网络计划

(1) 基本概念

①双代号网络图　是用圆圈和有向箭线表达计划所要完成的各项工作及其先后顺序、相互关系而构成的网状图形,如图9-2所示。

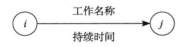

图9-2　双代号网络图表示方法

在双代号网络图中,用有向箭线表示工作,工作名称写在箭线的上方(或左侧),工作持续时间写在箭线的下方(或右侧),箭尾表示该工作的开始,箭头表示该工作的结束。指向某个节点的箭线为内向箭线,从某个节点引出的箭线为外向箭线。箭头和箭尾衔接的地方画上圆圈并编上号码,用箭头与箭尾的号码 i-j 作为这个工作的代号。

②工作　也称活动,是指计划任务按所需要的粗细度划分而成的、消耗时间也消耗资源的子项目或子任务。一般情况下,工作需要消耗时间和资源(如支模板、浇筑混凝土等),有的则仅是消耗时间而不消耗资源(如混凝土养护、抹灰干燥等技术间歇)。在双代号网络图中,有一种既不消耗时间也不消耗资源的工作——虚工作,可用虚箭线来表示,用以反映一些工作与另外一些工作之间的逻辑制约关系,如图9-3所示,其中②-③工作即虚工作。

③节点　也称事件,是指表示工作的开始、结束或连接关系的圆圈。箭线的出发节点称为工作的开始节点,箭头指向的节点称为工作的结束节点(也称完成节点)。任何工作都可以用其箭线前、后两个节点的编号来表示,起点节点编号在前,终点节点编号在后,如图9-3中的B工作即可用①-③来表示。

网络图的第一个节点为整个网络图的起点节点,最后一个节点为网络图的终点节点,其余的节点均称为中间节点。

④线路　是指网络图中从起点节点开始,沿箭头方向顺序通过一系列箭线与节点,最后到达终点节点的通路。一条线路上的各项工作所持续时间的累加之和称为该线路的持续时间,它表示完成该线路上的所有工作需花费的时间。

(2) 双代号网络图的绘制规则

①正确表达各项工作之间的逻辑关系　网络图中工作之间相互制约或相互依赖的关系称为逻辑关系,包括由工艺过程决定先后顺序的工艺关系和由于施工组织安排或资源(人力、材料、设备等)调配需要而规定先后顺序的组织关系,在网络中均应表现为工作之间的先后顺序。网络图必须正确地表达整个工程的工艺流程和各工作开展的先后顺序。

②严禁出现循环回路　所谓循环回路是指从网络图中的某一个节点出发,顺着箭线方向又回到了原来出发点的线路。如图9-4所示,②-⑤形成循环回路,由于其逻辑关系相互矛盾,此网络图表达必定是错误的。

③严禁出现双向箭头或无箭头的连线　如图9-5所示为带有双向箭头的连线,图9-6为无箭头的连线,这在网络图中是不允许的。一根箭线必须且只能带有一个箭头。

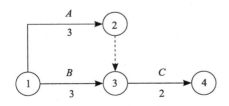

图9-3　虚工作表示方法

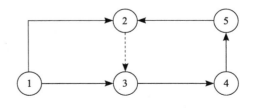

图9-4　循环回路

图9-5　带有双向箭头的连线

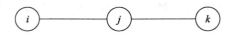

图9-6　无箭头的连线

④严禁出现没有箭头节点或没有箭尾节点的箭线　如图9-7所示,(a)为无箭尾节点的箭线,(b)为无箭头节点的箭线。这样的箭线是没有意义的,任何一个箭线的两头必须要有节点。

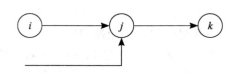

（a）无箭尾节点的箭线

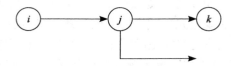

（b）无箭头节点的箭线

图9-7　无箭尾节点和无箭头节点的箭线

⑤只有一个起点节点和一个终点节点　如图9-8所示,存在多个起点节点和多个终点节点,这是不允许的。

⑥使用母线法绘制　当网络图的起点节点有多条外向箭线或终点节点有多条内向箭线时,为使图形简洁,可用母线法绘制,如图9-9所示。

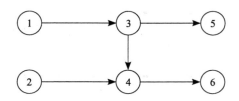

图9-8　有多个起点节点和终点节点的网络图

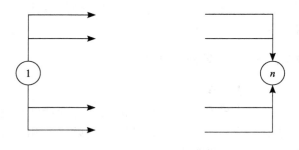

图9-9　母线画法

⑦不允许出现同样代号的多项工作　如图9-10所示,B和C两项工作有同样的代号,这是不允许的。

⑧尽量避免箭线交叉　在网络图中,应尽量避免箭线交叉。当交叉不可避免时,可采用过桥法表示,如图9-11所示。

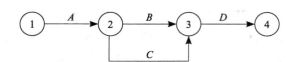

图9-10　同样代号工作网络图

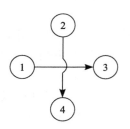

图9-11　过桥法

（3）双代号网络计划时间参数

通过计算各项工作的时间参数,可以确定网络计划的关键工作、关键线路和计算工期,为网络计划的优化、调整和执行提供明确的时间参数和依据。双代号网络计划时间参数的计算方法很多,一般常用的是按工作计算法和按节点计算法。在计算方法上又有分析计算法、图上计算法、表上计算法、矩阵计算法和计算机计算法等。本节只介绍按工作计算法在图上进行计算的方法。

①时间参数的概念及其符号

工作持续时间D_{i-j} 一项工作从开始到完成的时间。

工期（T） 完成一项任务所需要的时间。在网络计划中，工期一般有以下三种：

计算工期：根据网络计划时间参数计算而得到的工期，用T_c表示。

要求工期：任务委托人所提出的指令性工期，用T_r表示。

计划工期：指根据要求工期和计算工期所确定的作为实施目标的工期，用T_p表示。

六个时间参数

最早开始时间ES_{i-j}：是指在其所有紧前工作全部完成后，工作$i-j$有可能开始的最早时刻。

最早完成时间EF_{i-j}：是指在其所有紧前工作全部完成后，工作$i-j$有可能完成的最早时刻。

最迟开始时间LS_{i-j}：是指在不影响整个任务按期完成的前提下，工作$i-j$必须开始的最迟时刻。

最迟完成时间LF_{i-j}：是指在不影响整个任务按期完成的前提下，工作$i-j$必须完成的最迟时刻。

总时差TF_{i-j}：是指在不影响总工期的前提下，工作$i-j$可以利用的机动时间。

自由时差EF_{i-j}：是指在不影响其紧后工作最早开始时间的前提下，工作$i-j$可以利用的机动时间。

按工作计算法计算网络计划中各时间参数，应将其计算结果标注在箭线之上，如图9-12所示。

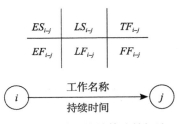

图9-12 按工作计算法的标注

②时间参数计算

最早开始时间和最早完成时间的计算 工作最早时间参数受到紧前工作的约束，故其计算顺序应从起点节点开始，顺着箭线方向依次逐项计算。

以网络计划的起点节点为开始节点的工作最早开始时间为零。如网络计划起点节点的编号为1，则：

$$ES_{i-j}=0 \quad (i=1) \quad (9-1)$$

最早完成时间等于最早开始时间加上其持续时间：

$$EF_{i-j}=ES_{i-j}+D_{i-j} \quad (9-2)$$

最早开始时间等于各紧前工作的最早完成时间的最大值：

$$ES_{i-j}=\max\{EF_{i-j}\} \quad (9-3)$$

确定计算工期 计算工期等于以网络计划的终点为箭头节点的各个工作的最早完成时间的最大值，当网络计划终点节点的编号为n时，计算工期为：

$$T_c=\max\{EF_{i-n}\} \quad (9-4)$$

当无要求工期的限制时，取计划工期等于计算工期，即$T_p=T_c$。

最迟开始时间和最迟完成时间的计算 工作最迟时间参数受到紧后工作的约束，故其计算顺序应从终点节点起，逆着箭线方向依次逐项计算。

以网络计划的终点节点为$j=n$箭头节点的工作的最迟完成时间等于计划工期，即：

$$LF_{i-n}=T_p \quad (9-5)$$

最迟开始时间等于最迟完成时间减去其持续时间，即：

$$LS_{i-j}=LF_{i-j}-D_{i-j} \quad (9-6)$$

最迟完成时间等于各紧后工作的最迟开始时间的最小值，即：

$$LF_{i-j}=\min\{LS_{j-k}\} \quad (9-7)$$

计算工作总时差 总时差等于其最迟开始时间减去最早开始时间，或等于最迟完成时间减去最早完成时间，即：

$$TF_{i-j}=LS_{i-j}-ES_{i-j} \text{ 或 } TF_{i-j}=LF_{i-j}-EF_{i-j} \quad (9-8)$$

计算工作自由时差 对于有紧后工作的工作，其自由时差等于本工作的紧后工作最早开始时间与本工作最早完成时间之差的最小值，即：

$$FF_{i-j}=\min\{ES_{j-k}-EF_{i-j}\}=\min\{ES_{j-k}-ES_{i-j}-D_{i-j}\} \quad (9-9)$$

对于无紧后工作的工作，也就是以网络计划终点节点为完成节点的工作，其自由时差等于计划工期与本工作最早完成时间之差，即：

$$FF_{i-n}=T_p-EF_{i-n}=T_p-ES_{i-n}-D_{i-n}$$ （9-10）

需要指出的是，对于网络计划中以终点节点为完成节点的工作，其自由时差与总时差相等。自由时差是总时差的构成部分，因此，当工作的总时差为0时，其自由时差必然为0。

（4）关键工作和关键线路的确定

在网络计划中，总时差最小的工作应为关键工作。当计划工期等于计算工期时，总时差为零的工作为关键工作。

自始至终全部由关键工作组成的线路或线路上总的工作持续时间最长的线路应为关键线路。在关键线路上可能有虚工作。

【例9-1】

已知××混凝土景观水池的网络计划资料见表9-1所列，试绘制双代号网络计划。若计划工期等于计算工期，试计算各项工作的六个时间参数并确定关键线路，标注于网络计划图上。

表9-1 ××混凝土景观水池工作逻辑关系及持续时间

序号	工作名称	工作代号	紧后工作	持续时间（d）
1	挖土	A	B	3
2	铺设垫层	B	E、F	2
3	准备材料	C	D	4
4	加工构配件	D	F	4
5	准备仓面	E	G	7
6	安装钢筋、模板	F	G	10
7	浇筑混凝土	G	—	3

【解】

第一步：根据表9-1中网络计划的有关资料，按照网络图的绘制规则，绘制双代号网络图，如图9-13所示。

第二步：计算各项工作的时间参数，并将计算结果标注在箭线上方的相应位置，如图9-13所示。

第三步：确定关键工作及关键线路。

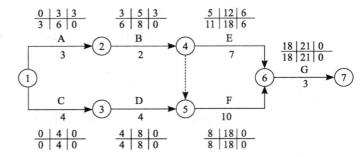

图9-13 ××混凝土景观水池网络图时间参数计算

总时差为0的工作为关键工作，在图9-13中，C、D、F、G是关键工作。自始至终由关键工作组成的线路为关键线路，用粗箭线进行标注。

9.2.2.2 单代号网络计划

（1）单代号网络图的组成

单代号网络计划的基本符号是箭线、节点和节点编号。

①箭线 在单代号网络图中，箭线表示紧邻工作之间的逻辑关系。箭线应画成水平直线、折线或斜线。箭线水平投影的方向为自左向右，表达工作的进行方向。

②节点 单代号网络图中每一个节点表示一项工作，可用圆圈或矩形表示。节点所表示的工作名称、持续时间和工作代号等应标注在节点内，如图9-14所示。

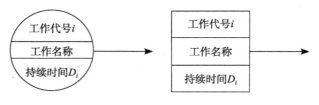

图9-14 单代号网络图的表示方法

③节点编号 单代号网络图的节点编号同双代号网络图。

（2）单代号网络图的绘制规则

单代号网络图的绘制规则同双代号网络图。

（3）单代号网络图时间参数计算

单代号网络计划时间参数计算公式与双代号

网络计划时间参数计算公式基本相同，只是工作的时间参数的下角标由双角标变为单角标。

①最早开始时间ES_i　当$i=1$时，通常令$ES_i=0$；当$i\neq 1$时，$ES_i=\max\{EF_h\}$，h表示本工作的所有紧前工作。

②最早完成时间EF_i　$EF_i=ES_i+D_i$。

③计算工期　$T_c=EF_n$，n表示网络计划的终点节点。

④最迟开始时间LS_i　$LS_i=LF_i-D_i$。

⑤最迟完成时间LF_i　当$i=n$时，$LF_i=T_c$；当$i\neq n$时，$LF_i=\min\{LS_j\}$，j表示本工作的所有紧后工作。

⑥总时差TF_i　$TF_i=LS_i-ES_i$ 或 $TF_i=LF_i-EF_i$。

⑦自由时差FF_i　首先计算相邻两项工作之间的时间间隔$LAG_{i,j}$，然后取本工作与其所有紧后工作的时间间隔的最小值作为本工作的自由时差。相邻两项工作之间的时间间隔等于紧后工作的最早开始时间与本工作的最早完成时间之差，即$LAG_{i,j}=ES_j-EF_i$，$FF_i=\min\{LAG_{i,j}\}$。

单代号网络计划时间参数和图上标注如图9-15所示。

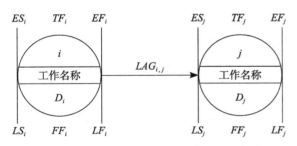

图9-15　单代号网络计划时间参数图上标注

9.3　风景园林工程项目进度控制

9.3.1　风景园林工程项目进度控制原理

9.3.1.1　动态控制原理

进度控制是随着风景园林工程项目的进行而不断进行的，是一个动态过程，也是一个循环进行的过程。从风景园林工程项目开始，实际进度就进入了运行的轨迹，也就是计划进入了执行的轨迹。实际进度符合进度计划要求，计划的实现就有保证；实际进度与进度计划不一致时，就产生了偏差，若不采取措施加以处理，工期目标就不能实现。因此，当产生偏差时，应分析偏差的原因，采取措施，调整计划，使实际进度与计划进度在新的起点上重合，并尽量使风景园林工程项目按调整后的计划继续进行。但在新因素的干扰下，又有可能产生新的偏差，应继续按上述方法进行控制。

9.3.1.2　系统原理

首先应编制风景园林工程项目的各种计划，包括进度计划、资源计划等。计划的对象由大到小，计划的内容从粗到细，形成了风景园林工程项目的计划系统。因此，无论是控制对象还是控制主体，无论是进度计划还是控制活动，都是一个完整的系统，进度控制实际上就是用系统的理论和方法解决系统问题。

9.3.1.3　信息反馈原理

应用信息反馈原理，不断进行信息反馈，及时地将施工的实际信息反馈给施工项目控制人员，通过整理各方面的信息，经比较分析作出决策，调整进度计划，使其符合预定工期目标。

9.3.1.4　弹性原理

风景园林工程项目进度计划影响因素多，在编制进度计划时，根据经验对各种影响因素的影响程度、出现的可能性进行分析，编制进度计划时要留有余地，使得计划具有一定的弹性。在进行风景园林工程项目进度控制时，可以利用这些弹性缩短工作的持续时间，或改变工作之间的搭接关系，以期最终能实现风景园林工程项目的工期目标。

9.3.1.5　封闭循环原理

风景园林工程项目进度控制的全过程是一种循环性的例行活动，包括编制计划、实施计划、检查、比较与分析、确定调整措施、修改计划，形成了一个封闭的循环系统。进度控制过程就是这种封闭循环、不断运行的过程。

9.3.2 影响风景园林工程项目进度的因素

影响风景园林工程项目进度的因素很多，可归纳为人、技术、材料构配件、设备机具、资金、建设地点、自然条件、社会环境，以及其他难以预料的因素。这些因素可归纳为以下五类：

9.3.2.1 相关单位的影响

风景园林工程建设项目的承包单位对施工进度起决定性作用，但是建设单位、设计单位、材料设备供应商以及政府的有关主管部门都可能给施工某些方面造成困难而影响施工进度。其中，设计单位图纸不及时、有错误，以及有关部门对设计方案的变动是经常发生和影响最大的因素；材料和设备不能按期供应，或质量、规格不符合要求，会引起施工停顿；资金不能保证也会使施工进度中断或速度减慢等。

9.3.2.2 施工条件的变化

施工中工程地质条件和水文地质条件与勘察设计不符，如地下障碍物、软弱地基，以及恶劣的气候、暴雨、高温和洪水等都会对施工进度产生影响，造成临时停工或破坏。

9.3.2.3 技术失误

承包单位采用技术措施不当，施工中发生技术事故；应用新技术、新材料、新结构缺乏经验，不能保证施工质量，从而影响施工进度。

9.3.2.4 施工组织管理不当

承包单位施工组织不当，流水施工安排不合理，劳动力和施工机具调配不当，施工平面设置不科学等会影响施工进度计划的执行。

9.3.2.5 意外事件的出现

施工中如果出现意外的事件，如战争、严重自然灾害、火灾、重大工程事故、工人罢工等，都会影响施工进度计划。

9.3.3 风景园林工程项目进度控制措施

风景园林工程项目进度控制措施包括组织措施、技术措施、合同措施、经济措施和信息管理措施。

9.3.3.1 组织措施

组织措施主要包括：

①建立进度控制目标体系，明确项目经理部进度控制人员及其职责分工。

②建立工程进度报告制度及进度信息沟通网络。

③建立进度计划审核制度和进度计划实施中的检查分析制度。

④建立进度协调会议制度，包括协调会议举行的时间、地点，以及参加人员等。

⑤建立图纸审查、工程变更和设计变更管理制度。

9.3.3.2 技术措施

技术措施主要包括：

①采取加速施工进度的管理技术方法，如流水作业法、网络计划法等。

②缩短作业持续时间，减少技术间歇，达到均衡连续不间断。

③利用计算机技术进行进度控制。

9.3.3.3 合同措施

合同措施主要包括：

①加强合同管理，协调合同工期与进度计划之间的关系，保证合同中进度目标的实现。

②严格控制合同变更，对各方提出的工程变更和设计变更，项目经理应严格审查后再补入合同文件。

③加强风险管理，在合同中应充分考虑风险因素及其对进度的影响，以及相应的处理方法。

④加强索赔管理，公正地处理索赔。

9.3.3.4 经济措施

经济措施主要是指实现进度计划的资金保证措施，以及为保证进度计划顺利实施采取层层签订经济承包责任制的方法，采用奖惩手段等。

9.3.3.5 信息管理措施

建立监测、分析、调整、反馈系统，通过计划进度与实际进度的动态比较，提供进度比较信息，实现连续、动态的全过程进度目标控制。

思考题

1. 风景园林工程项目进度计划有哪些类型？
2. 试述风景园林工程项目进度计划的基本要求及其编制程序。
3. 试述横道图的表示方法，并举例说明。
4. 何为网络图？网络图的基本要素有哪些？
5. 简述网络图的绘制规则。
6. 试述双代号网络计划的时间参数及其计算方法。
7. 试述单代号网络计划的时间参数及其计算方法。
8. 何谓关键线路？如何确定关键线路？
9. 试述风景园林工程项目进度控制的原理。
10. 影响风景园林工程项目进度的因素有哪些？有哪些控制措施？

推荐阅读书目

1. 进度管理实践标准（第3版）. 美国项目管理协会. 骆庆中，薛蓓燕，译. 电子工业出版社，2022.
2. 建设工程施工进度控制. 常继峰. 中国纺织出版社，2022.

拓展阅读

多阶网络进度计划

2010年5月1日，第41届世界博览会在中国上海黄浦江畔隆重开幕。上海世博会以"一核、一轴、两带、多楔"为主体结构，构筑"蓝绿相依，绿网交织，绿楔深嵌，绿链相接"的生态网络系统。上海世博会建设工程施工内容多、技术难点多、标准要求高等对进度管理提出了极大的挑战。项目指挥部采取了多阶网络进度计划方法，将计划分级，由总进度纲要和一系列子网络计划共同形成计划体系。总进度纲要是里程碑计划，从总体上对整个项目的关键节点进行把握。里程碑计划中，明确了三个关键节点，即2008年5月全面开工、2009年5月结构施工全部完成和2010年5月1日正式开幕。在总进度纲要的基础上，项目指挥部建立了逐级细化的进度计划体系，依次编制了总进度规划（项目实施指导性计划）、分区进度计划（分区实施控制性计划）和单体进度计划（单体实施控制性计划）。多阶网络计划既细化了里程碑计划，使其具有可操作性，又建立了子项目之间的关联。在多阶网络进度计划体系中，每一个子项目计划都作为上一级进度计划中的部分节点的细化和扩展，与其他子项目发生联系，保证对每个子项目的进度控制都是基于全局视角（何清华 等，2019）。

第10章 风景园林工程项目质量管理

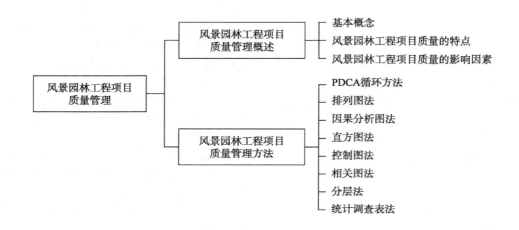

学习目标

初级目标：熟悉质量、工程质量、质量管理、风景园林工程项目质量的特点、风景园林工程质量的影响因素、分层法、统计调查表法等知识性内容。

中级目标：掌握PDCA循环方法、排列图法、因果分析图法、直方图法、控制图法、相关图法等的基本方法。

高级目标：应用PDCA循环方法、排列图法、因果分析图法、直方图法、控制图法、相关图法分析工程质量的实际问题。

任务导入

为贯彻落实科学发展观，坚持"百年大计、质量第一"的方针，加快我国建筑业的技术进步，促进建筑业企业提高技术装备水平和经营管理水平，推动建设工程质量水平的提高，住房和城乡建设部指导中国建筑业协会制定中国建设工程鲁班奖（国家优质工程）评选办法。评选办法要求市政园林工程具备以下三个条件：①符合法定建设程序、国家工程建设强制性标准和有关省地节能、环保的规定，工程设计先进合理，并已获得本地区或本行业最高质量奖；②工程项目已完成竣工验收备案，并经过一年以上使用没有发现质量缺陷和质量隐患；③其技术指标、经济效益及社会效益应达到本专业工程国内领先水平。提交的工程影像资料包括施工特点、施工关键技术、施工过程控制、新技术推广应用等情况，要充分反映工程质量过程控制和隐蔽工程的检验情况。

请思考：影响工程质量的主要因素。

10.1 风景园林工程项目质量管理概述

10.1.1 基本概念

10.1.1.1 质量

《质量管理体系：基础和术语》（GB/T 19000—2016）中对质量的定义是："客体的一组固有特性满足要求的程度。"

质量是对程度的一种描述，是对实体满足要求程度的描述，实体即质量的主体。质量不仅指产品质量，也可以是某项活动或过程的工作质量，还可以是质量管理体系运行的质量。

10.1.1.2 工程质量

建设工程质量简称工程质量，是指工程满足业主和使用者需求的，符合国家法律、法规、技术规范标准、设计文件及合同规定的特性综合。工程质量，即所有的设计、施工、供应、工程管理和运行维护等工作过程都符合质量特性要求。建设工程质量特性为适用性、耐久性、安全性、可靠性、经济性、与环境的协调性等。现代工程追求在全寿命期过程中工作质量、工程质量、最终整体功能、产品或服务质量的统一性。

10.1.1.3 质量管理

质量管理，即在质量方面指挥、控制、组织、协调的活动，主要包括制定质量方针、质量目标及质量策划、质量控制、质量保证和质量改进。

10.1.2 风景园林工程项目质量的特点

10.1.2.1 影响因素多

由于风景园林工程项目建设周期长，必然受到多种因素的影响，如决策、设计、材料、施工机具、施工方法和工艺、技术措施、管理制度、人员素质、工期、工程造价等诸多因素，均会直接或间接地影响工程项目质量。

10.1.2.2 质量波动大

风景园林工程项目建设不能像一般工业产品那样，有固定的生产流水线、规范化的生产工艺、完善的检测技术及稳定的生产环境，制造出相同系列规格和相同功能的产品，所以质量波动大（黄凯 等，2019）。

10.1.2.3 质量的隐蔽性

在风景园林工程项目建设过程中，由于分部（分项）工程交接多、中间产品多和隐蔽工程多，质量存在隐蔽性。若不及时检查并发现其中存在的问题，就可能留下质量隐患。

10.1.2.4 终检的局限性

在风景园林工程项目建成后，不可能像一般工业产品那样，可以解体或拆卸来检查内在的质量，所以在工程项目终检验收时难以发现工程内在的、隐蔽的质量缺陷。

10.1.2.5 评价方法的特殊性

工程质量的检查、评定及验收是按检验批、分部（分项）工程、单位工程进行的。检验批的质量是分项工程乃至整个工程质量检验的基础。检验批合格质量主要取决于主控项目和一般项目抽检的结果。工程质量是在施工单位按合格质量标准自行检查评定的基础上，由监理工程师（或建设单位项目负责人）组织有关单位、人员进行检验确认验收。因此，工程项目质量的检查与评定与一般工业产品质量评价方法相比具有特殊性。

10.1.2.6 质量要求的外延性

风景园林项目工程质量不仅要满足业主和使用者的需求，而且要考虑社会的需要，更要考虑整体工程的安全性、环保性、生态性与资源保护等多方面要求。

10.1.3 风景园林工程项目质量的影响因素

影响风景园林工程项目质量的因素主要有人员（man）、材料（material）、机具设备（machine）、方法（method）、环境（environment）五个方面，即4M1E。

10.1.3.1 人的因素

在风景园林工程项目质量管理中，人的因素起决定性作用。项目质量控制应以控制人的因素为基本出发点。影响项目质量的人的因素包括两个方面：一是指直接履行项目质量职能的决策者、管理者和作业者个人的质量意识和质量管理能力；二是指承担项目策划、决策或实施的建设单位、勘察设计单位、咨询服务机构、工程承包企业等实体组织的质量管理体系和管理能力。前者是个体的人，后者是群体的人。人，作为控制对象，其工作应避免失误；作为控制动力，应充分调动人的积极性，发挥人的主导作用。因此，必须有效控制项目参与各方的人员素质，不断提高人的质量管理能力，这样才能保证项目质量。

10.1.3.2 材料的因素

材料包括工程材料和施工用料，工程材料可分为主要材料、辅助材料和结构件三部分，施工用料可分为周转使用材料和消耗材料两部分。各类材料是工程施工的基本物质条件，材料质量是工程质量的基础，材料质量不符合要求，工程质量就不可能达到标准。

10.1.3.3 机具设备的因素

施工机具包括工程设备、施工机械和各类仪器仪表。工程设备是指组成工程实体的工艺设备，它们是工程项目的重要组成部分，其质量的优劣直接影响到工程使用功能的发挥。施工机械和各类仪器仪表是施工过程中使用的各类机具设备，包括运输设备、吊装设备、操作工具、测量仪器、计量器具和施工安全设施等。施工机具是所有施工方案和工法得以实施的重要物质基础，合理选择和正确使用施工机具是保证项目质量和安全的重要条件。

10.1.3.4 方法的因素

方法的因素也可以称为技术因素，包括勘察、设计、施工所采用的技术和方法，以及工程检测、试验的技术和方法等。从某种程度上说，技术方案和工艺水平的高低，决定了项目质量的优劣。依据科学的理论，采用先进合理的技术方案和措施，按照规范进行勘察、设计、施工，必将对保证结构安全和满足使用功能起到良好的推进作用。

10.1.3.5 环境的因素

环境因素包括项目的自然环境因素、社会环境因素、管理环境因素和作业环境因素。自然环境因素主要是指工程地质、水文、气象条件和地下障碍物，以及其他不可抗力等影响项目质量的因素；社会环境因素主要是指会对项目质量造成影响的各种社会环境因素；管理环境因素主要是指项目参建单位的质量管理体系、质量管理制度和各参建单位之间的协调等因素；作业环境因素主要是指项目实施现场平面和空间环境条件，各种动力介质供应、施工照明、通风、安全防护设施，施工场地给水排水，交通运输和道路条件等因素。

10.2 风景园林工程项目质量管理方法

风景园林工程项目质量管理方法主要有全面质量管理的PDCA循环方法和质量管理的另外七种方法。

10.2.1 PDCA循环方法

10.2.1.1 PDCA循环基本形式

PDCA循环，即计划（plan）、执行（do）、检查（check）、处理（action），如图10-1所示。

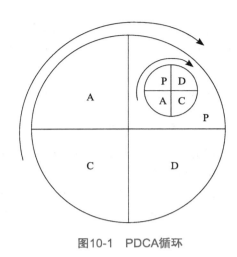

图10-1 PDCA循环

10.2.1.2 PDCA 循环的应用

PDCA循环应用分为四个阶段、八个步骤，其基本内容为：

(1) 第一阶段

第一阶段是计划阶段，即P阶段。该阶段的主要工作任务是制定质量控制目标活动计划和管理项目的具体实施措施，具体工作步骤可以分为四个步骤。

第一步：分析现状，找出存在的质量问题。分析项目范围内的质量常见问题和多发问题。要特别注意工程中一些技术复杂、施工难度大、质量要求高的项目，以及对新工艺、新技术、新结构、新材料等的质量分析。要依据大量检测数据和相关的资料，用数理统计方法来分析、反映问题。

第二步：分析产生质量问题的原因和影响因素。召集有关人员召开对有关问题的分析会议，绘制因果分析图，找出所有可能的原因和影响因素。

第三步：从各种原因和影响因素中找出影响质量的主要原因或影响因素。其方法有两种：一是利用数理统计的方法和图表来分析；二是由有关工程技术人员、生产管理人员和工人讨论确定或用投票的方式确定。

第四步：针对影响质量的主要因素制定对策，拟订改进质量的管理、技术和组织措施，提出执行计划和预期效果。在进行这一步工作时，需要明确回答以下问题（5W1H）：

① 为什么要制定这样的措施，执行这样的计划（why）？

② 执行后要达到什么目的？将会有什么效果（what）？

③ 改进措施在何处（哪道工序、哪个环节、哪个过程）进行（where）？

④ 改进措施和计划在何时执行和完成（when）？

⑤ 由谁来执行和完成（who）？

⑥ 用何种方式完成（how）？

(2) 第二阶段

第二阶段是实施阶段，即D阶段。在实施阶段，首先应做好计划、措施的交底和落实，包括组织落实、技术落实和物资落实，有关人员需要经过训练、考核，达到要求后才能参与实施。同时，应采取各种措施保证计划得以实施。这是质量管理循环的第五步，即执行计划和采取措施。

(3) 第三阶段

第三阶段是检查阶段，即C阶段。该阶段的主要工作任务是将实施效果与预期目标进行对比，检查执行的情况，判断是否达到了预期效果，同时进一步查找问题。这是管理循环的第六步，即检查效果、发现问题。然后转入下一个管理循环，为下一期计划的制订或完善提供数据资料和依据。

(4) 第四阶段

第四阶段是处理阶段，即A阶段。该阶段的主要工作任务是对检查结果进行总结和处理。这一阶段分两步，即质量管理循环的第七步和第八步。第七步是总结经验，纳入标准。经过第六步检查后，明确有效果的措施，通过制定相应的工作文件、规程、作业标准及各种质量管理的规章制度，总结好的经验，巩固成绩，防止问题的再次发生。第八步是将遗留问题转入下一个循环。

10.2.2 排列图法

排列图法又称主次因素分析图或帕累托图，是用来寻找影响工程质量主要因素的一种有效工具。

10.2.2.1 排列图基本形式

排列图由两个纵坐标、一个横坐标、若干个直方形和一条曲线组成。其中，左边的纵坐标表示频数，右边的纵坐标表示频率，横坐标表示影响工程质量的各种因素。若干个直方形分别表示工程质量影响因素的项目，直方形的高度则表示影响因素的大小程度，按大小由左向右排列，如图10-2所示。曲线表示各影响因素出现的累计频率百分数，这条曲线叫帕累托曲线。一般将影响因素分为三类，累计频率在0~80%的因素，称为A类因素，是主要因素，应集中力量加以重点解决；在80%~90%内的称为B类因素，是次要因素；在90%~100%内的称为C类因素，是一般因素。

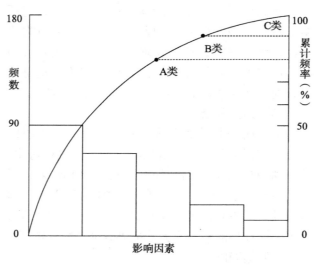

图10-2　排列图基本形式

10.2.2.2 排列图的作法

①收集整理数据　收集各工程质量特性的影响因素或各种缺陷的不合格点数。

②排列图的绘制　画横坐标、纵坐标、频数直方形、累计频率曲线，并记录必要的事项，如标题、收集数据的方法和时间等。

10.2.2.3 排列图的观察与分析

①观察直方形，大致可以看出各项目的影响程度。排列图中的每个直方形都表示一个质量问题或影响因素。影响程度与各直方形高度成正比。

②利用ABC分类法，确定主次因素。

10.2.3 因果分析图法

10.2.3.1 因果分析图基本形式

因果分析图法是利用因果分析图来系统整理分析某个质量问题与其产生原因之间关系的有效工具。因果分析图也称特性要因图，因其形状又常被称为树枝图或鱼刺图。因果分析图基本形式如图10-3所示。

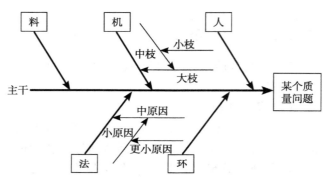

图10-3　因果分析图基本形式

从图10-3可以看出，因果分析图由质量特性（即质量结果或某个质量问题）、主干（指较粗的直接指向质量问题的水平箭线）、要因（产生质量问题的主要原因）、枝干（指一系列箭线表示不同层次的原因）等组成。

10.2.3.2 因果分析图法的应用

①明确质量问题。画出质量特性的主干，箭头指向右侧的一个矩形框，框内注明研究的问题。

②分析确定影响质量特性大的方面原因。一般来说，影响质量的因素有五大方面，即人、机械、材料、方法、环境。另外，可以按施工过程进行分析。

③将每种要因进一步分解为中原因、小原因，直至分解的原因可以采取具体措施加以解决为止。

④检查图中所列原因是否齐全，可以对初步分析结果广泛征求意见，并作必要的补充及修改。

⑤选择影响较大的因素做出标记,以便重点采取措施。

10.2.4 直方图法

10.2.4.1 直方图基本形式

直方图法即频数分布直方图法,它是指将收集到的质量数据进行分组整理,绘制成频数分布直方图,用以描述质量分布状态的一种分析方法,其基本形状如图10-4所示。

通过直方图的观察与分析,可以了解工程项目质量的波动情况,掌握质量特性的分布规律,以便对质量状况进行分析判断。

10.2.4.2 直方图法的应用

直方图法在进行工程质量应用分析时,需要完成两个步骤。

第一步:观察直方图的形状,判断质量分布状态。

正常的直方图形是中间高,两侧低,左右接近对称的图形,如图10-4所示。

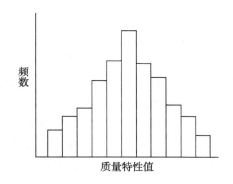

图10-4 直方图基本形式

出现非正常型直方图时,表示工程项目施工或收集数据时有问题。这就要求进一步分析判断,找出原因,从而采取措施加以纠正。凡属于非正常型直方图的,其图形分布有各种缺陷,归纳起来一般有5种类型,如图10-5所示。

①折齿型 如图10-5(a)所示,是由于分组不当或组距确定不当造成的。

②左(右)缓坡型 如图10-5(b)所示,主要是由于施工过程中对上限(下限)控制太严格造成的。

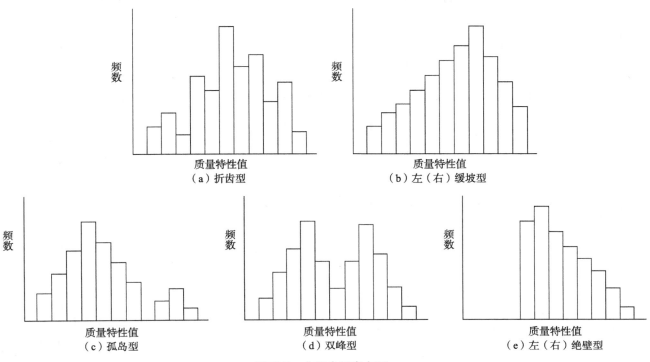

图10-5 非正常型直方图

③孤岛型　如图10-5（c）所示，是原材料发生变化，或者施工队伍临时更换引起的。

④双峰型　如图10-5（d）所示，可能是由于两种不同方法或两台机具设备、两组工人进行施工的工程质量数据混在一起整理产生的。

⑤左（右）绝壁型　如图10-5（e）所示，是由于数据收集不正常，可能有意识地去掉了下限以下（上限以上）的数据，或是在检测过程中存在某种人为因素造成的。

第二步：将正常型直方图与质量标准比较，判断实际工程项目施工过程能力。

正常型直方图与质量标准比较，一般有如图10-6所示6种情况。图10-6中T表示质量标准要求界限，B表示实际质量特性分布范围。

①如图10-6（a）所示，B在T中间，质量分布中心$\bar{x}$与质量标准中心M重合，实际数据分布与质量标准相比较两边还有一定余地。这样的工程施工过程是很理想的，说明工程施工过程处于正常的稳定状态。在这种情况下施工的产品可认为全部是合格品。

②如图10-6（b）所示，虽然B落在T内，但质量分布中心$\bar{x}$与T的中心M不重合，偏向一边。这样的施工状态一旦发生变化，就可能超出质量标准下限或上限而出现不合格品。出现这种情况应及时采取措施，使$\bar{x}$与M重合。

③如图10-6（c）所示，B在T中间，$\bar{x}$与M重合，但B的范围接近T的范围，没有余地，施工过程一旦发生微小的变化，工程产品的质量特性就可能超出质量标准。出现这种情况，必须立即采取措施，以缩小质量分布范围。

④如图10-6（d）所示，B在T内，$\bar{x}$与M重合，但两边余地太大，说明施工过于精细，不经济。在这种情况下，可以对原材料、施工机具、施工工艺等控制要求适当放宽，有目的地使B扩大，从而有利于降低成本。

⑤如图10-6（e）所示，$\bar{x}$与M不重合，且质量分布范围B超出标准下限之外，说明已出现不合格品。此时，必须采取措施进行调整，使质量分布位于标准之内。

⑥如图10-6（f）所示，$\bar{x}$与M重合，质量分布范围完全超出了质量标准上、下界限，产生许多废品，说明施工过程质量控制能力不足，应提高施工过程质量控制能力，使质量分布范围B缩小。

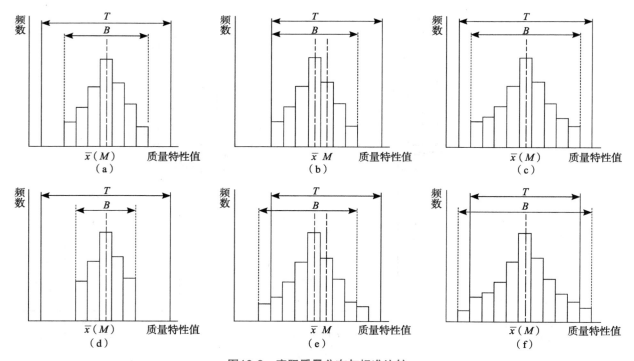

图10-6　实际质量分布与标准比较

10.2.5 控制图法

10.2.5.1 控制图基本形式

控制图又称管理图,是在直角坐标系内画有控制界限,描述施工过程中产品质量波动状态的图形。利用控制图区分质量波动原因,判断施工过程是否处于稳定状态的方法称为控制图法。

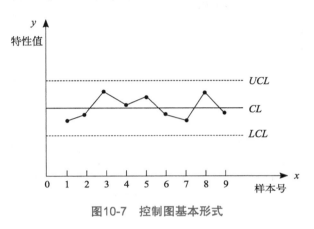

图10-7 控制图基本形式

控制图的基本形式如图10-7所示。横坐标为样本号(或抽样时间),纵坐标为被控制的质量特性值。控制图上一般有三条线:上控制界限 UCL,下控制界限 LCL,中心线 CL。中心线是质量特性值分布的中心位置,上下控制界限标志着质量特性值允许波动范围。

在施工过程中通过抽样取得数据,把样本统计量表示在图上来分析施工过程状态。如果点随机地落在上、下控制界限内,则表明施工过程正常,处于稳定状态,不会产生不合格品;如果点超出控制界限,或点排列有缺陷,则表明施工条件发生了异常变化,生产过程处于失控状态。

10.2.5.2 控制图法的应用

控制图是用样本数据来分析判断施工过程是否处于稳定状态的有效工具。它有两个主要用途:

①施工过程分析 即分析施工过程是否稳定。为此,应随机连续收集数据,绘制控制图,观察数据点分布情况并判定施工过程状态。

②施工过程控制 即控制施工过程质量状态。为此,要定时抽样取得数据,将其变为点表示在图上,发现并及时消除施工过程中的失调现象,预防不合格品的产生。

分析判断施工过程是否处于稳定状态,主要是通过对控制图上点的分布情况进行观察与分析来实现。当控制图同时满足以下两个条件时(表10-1),就可以认为施工过程基本上处于稳定状态;只要点的分布不满足其中任何一条,就应判断施工过程为异常(表10-2)。

表10-1 点排列的正常现象

序 号	点分布	解 释
1	点几乎全部落在控制界线内	①连续25点以上处于控制界限内 ②连续35点中仅有1点超出控制界限 ③连续100点中不多于2点超出控制界限
2	点排列没有缺陷	未出现"链""多次同侧""趋势或倾向""周期性变动""接近控制界限"等情况

表10-2 点排列的异常现象

序 号	图 形	异常现象	解 释	分析应用
1		链	点连续出现在中心线一侧的现象	①出现5点链,应注意施工过程发展状况 ②出现6点链,应开始调查原因 ③出现7点链,应判定工序异常,需要采取处理措施

（续）

序号	图形	异常现象	解释	分析应用
2		多次同侧	点在中心线一侧多次出现的现象，或称偏离	①连续11点中有10点在同侧 ②连续14点中有12点在同侧 ③连续17点中有14点在同侧 ④连续20点中有16点在同侧
3		趋势或倾向	点连续上升或下降的现象	连续7点或7点以上呈上升或下降排列，就应判定施工过程有异常因素影响，要立即采取措施
4		周期性变动	点的排列显示周期性变化的现象	即使所有点都在控制界限内，也应认为施工过程为异常
5		接近控制界限	点落在了$\mu \pm 2\sigma$以外和$\mu \pm 3\sigma$以内的现象	①连续3点至少有2点接近控制界限 ②连续7点至少有3点接近控制界限 ③连续10点至少有4点接近控制界限

10.2.6 相关图法

10.2.6.1 相关图基本形式

相关图又称散布图，是用来显示两组质量数据之间关系的一个有效工具。相关图是把两个变量之间的相关关系用直角坐标系表示的图表。相关图根据影响质量特性因素的各对数据，用小点表示填列在直角坐标图上，并观察它们之间的关系。

相关图法的优点是直观简便。通过相关图对数据的相关性进行直接的观察，不但可以得到定性的结论，而且可以通过观察剔除异常数据，从而提高用计算法估算相关程度的准确性。

观察相关图主要是了解看点的分布状态，概略地估计两变量之间有无相关关系，从而得到两个变量的基本关系，为质量控制提供相应依据。一般情况下，两个变量之间的相关类型主要有六种：正相关、弱正相关、不相关、负相关、弱负相关及非线性相关，如图10-8所示。

①正相关　如图10-8（a）所示，散布点基本形成由左至右向上分布的较集中的一条直线带，即随着x增加，y也增加，这种情况称为正相关。可通过对x的控制而有效控制y的变化。

②弱正相关　如图10-8（b）所示，散布点形成由左至右向上分布的较分散的一条直线带，即随着x增加，y也有所增加，但x、y的关系不像正相关那么明显，这种情况称为弱正相关。说明y除受x的影响外，还受其他更重要的因素影响，需进一步利用因果分析图法分析其他的影响因素。

③不相关　如图10-8（c）所示，散布点形成一团。说明x变化不会引起y的变化或其变化无规律，分析质量原因时可排除x因素。

④负相关　如图10-8（d）所示，散布点形成由左至右向下分布的较集中的一条直线带，即随着x增加，y相应减少，这种情况称为负相关。说明x与y有较强的制约关系，但x对y的影响与正相关恰恰相反。可通过对x的控制而有效反向控制y的变化。

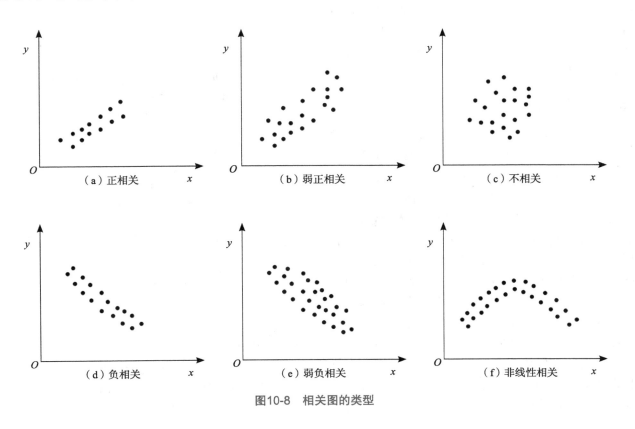

图10-8　相关图的类型

⑤弱负相关　如图10-8（e）所示，散布点形成由左至右向下分布的较分散的一条直线带，即随着x增加，y会有所减少，这种情况称为弱负相关。说明x与y的相关关系较弱，且变化趋势相反。应考虑寻找影响y的其他更重要的因素。

⑥非线性相关　如图10-8（f）所示，散布点呈一曲线带，即在一定范围内x增加，y也增加；超过这个范围，x增加，y则有下降趋势。

10.2.6.2　相关图法的应用

①数据的收集。通常应收集30对以上互相对应的特性数据，这些相对应的特性数据必须来自同一对象的同一子样。

②绘制直角坐标，分别以x、y轴表示这两个特性数。

③分别将相互对应的两个特性数通过x、y坐标绘在图上。

④相关图的观察与分析。

应用相关图应注意以下事项：要对数据进行正确分层；对明显偏离群体的点，要查明原因；对已确定为异常的点要剔除；由相关分析得出的结论，一般仅适用于试验取值范围内，不能任意扩展适用范围。

10.2.7　分层法

分层法又称分类法，是指将调查收集的原始数据，根据不同的目的和要求，按某一性质进行分组、整理的分析方法，以便找出产生质量问题的原因和影响因素，并及时采取措施加以预防。分层的结果使数据各层间的差异突出地显示出来，层内的数据差异减小。在此基础上继续进行层间、层内的比较分析，可以更深刻地发现和认识质量问题的本质和规律。由于工程质量是多方面因素共同作用的结果，因而对同一批数据，可以按不同性质分层，便于从不同角度来考虑、分析工程存在的质量问题和影响因素。

常用的分层依据有：操作班组或操作者，机具设备型号、功能、工艺、操作方法，原材料产地或等级，时间顺序、环境等。

分层法是质量控制统计分析方法中最基本的一种方法。其他统计方法一般都要与分层法配合使用，如排列图法、直方图法、控制图法、相关图法等。通常，首先利用分层法将原始数据分类，然后进行统计分析。

10.2.8　统计调查表法

统计调查表法又称统计调查分析法，它是利用专门设计的统计表收集、整理质量数据和分析质量状态的一种方法。在质量活动中，利用统计调查表收集数据，其优点为简便灵活、便于整理、实用有效。它没有固定格式，可根据需要和具体情况，设计出不同的统计调查表。常用的统计调查表有以下几种：分项工程作业质量分布调查表，不合格项目调查表，不合格原因调查表，施工质量检查评定用调查表。

统计调查表法同分层法结合起来应用，可以更好、更快地找出问题的原因，以便采取改进措施。

思考题

1. 简述风景园林工程项目质量管理的特点及其影响因素。
2. 简述PDCA循环法的基本形式与应用。
3. 简述排列图法的基本形式与应用。
4. 简述因果分析图法的基本形式与应用。
5. 简述直方图法的基本形式与应用。
6. 简述控制图法的基本形式与应用。
7. 简述相关图法的基本形式与应用。
8. 简述分层法、统计调查表法的含义。

推荐阅读书目

1. 项目质量管理. 段春莉主编. 中国电力出版社，2021.
2. 工程项目质量管理. 张涑贤，苏秦主编. 中国建筑工业出版社，2023.

拓展阅读

全面质量管理

全面质量管理（total quality management，TQM），是指一个组织以质量为中心，以全员参与为基础，目的在于通过客户满意和本组织所有成员及社会受益而达到长期成功的管理途径。前文所述的八种质量管理方法俗称八种老工具,其特点是重视对工程施工过程的质量控制,运用数据来表示质量管理的情况。除了八种老工具外,还有关联图法、亲和图法、系统图法、矩阵图法、矩阵数据分析法、过程决策程序图法(process decision program chart,PDPC)、矢线图法七种新工具,主要用于整理、分析语言文字资料(非数据),着重用来解决全面质量管理中PDCA循环的P(计划)阶段的有关问题。近年来,一些新方法也得到了广泛的关注,具体包括质量功能展开(quality function deployment,QFD)、稳健性设计(三次设计)方法、质量工程学、价值工程与分析、六西格玛(6σ)法等(林雪萍,2022)。

第11章 风景园林工程项目竣工验收管理

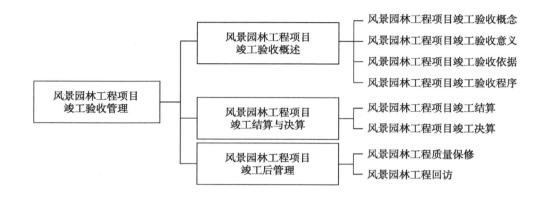

学习目标

初级目标：熟悉风景园林工程项目竣工验收的概念、意义、依据、程序、工程质量保修与回访等知识性内容。

中级目标：掌握风景园林工程项目竣工结算的方式、价款支付、竣工决算的构成。

高级目标：评估风景园林工程项目竣工结算价款的支付。

任务导入

××绿道工程经公开招标确定A园林绿化工程有限公司为中标单位。中标公示无异议后，A园林绿化工程有限公司与B城市建设投资集团有限公司签订了工程承包施工合同，并向相关建设行政主管部门进行了备案。在工程开工前，B城市建设投资集团有限公司与A园林绿化工程有限公司商谈，签订了一份补充协议，并约定此协议作为双方结算的依据。工程完工后，双方对于部分工程变更及签证产生了争议，B城市建设投资集团有限公司对A园林绿化工程有限公司提交的结算报告不予认可。A园林绿化工程有限公司多次索款未果后，遂诉至法院。法院经审理认定，双方签订的补充协议无效。

请思考：风景园林工程项目竣工验收的依据。

11.1 风景园林工程项目竣工验收概述

11.1.1 风景园林工程项目竣工验收概念

风景园林工程项目竣工是指施工单位按照设计施工图纸和承包合同的规定，完成风景园林工程项目建设的全部施工活动，并且达到建设单位的使用要求。它标志着风景园林工程项目建设任务的全面完成。

风景园林工程项目竣工验收是指施工单位将竣工项目及其有关资料移交给建设单位，并接受其对质量和技术资料的一系列审查验收工作的总称。竣工验收合格后，建设单位应在规定时间内将工程竣工验收报告和有关文件，报建设行政主管部门备案。

风景园林工程项目竣工验收是检验施工单位项目管理水平和目标实现程度的关键环节，是风景园林工程项目施工与管理的最后环节，也是工程项目从实施到投入运行使用的衔接转换阶段。

11.1.2 风景园林工程项目竣工验收意义

①从宏观上看，风景园林工程项目竣工验收是国家全面考核项目建设成果、检验项目决策、设计、施工、管理水平、总结工程项目建设经验的重要环节。一个风景园林工程项目建成投入交付使用后，能否取得预想的宏观效益，需经过国家权威性的管理部门按照技术规范、技术标准组织验收确认。

②从投资者角度看，风景园林工程项目竣工验收是投资者全面检验项目目标实现程度，并就工程投资、工程进度和工程质量进行审查认可的关键。它不仅关系到投资者在项目建设期的经济利益，也关系到项目投产后的运营效果。因此，投资者应重视和集中力量组织好竣工验收，并督促施工单位抓紧收尾工程，通过验收发现隐患，消除隐患，为项目投入使用、迅速达到设计能力创造良好条件。

③从承包者角度看，风景园林工程项目竣工验收是施工单位对所承担的施工工程接受投资者全面检验，按合同全面履行义务，按完成的工程量结算工程价款，积极主动配合投资者办理竣工工程移交手续的重要阶段。

11.1.3 风景园林工程项目竣工验收依据

①园林绿化工程施工及验收规范及相关专业工程施工质量验收规范的规定。

②工程勘察、设计文件（含设计图纸、图集和设计变更单等）的要求。

③建设单位与施工单位签订的工程施工承包合同。

④国家和各省（自治区、直辖市）、市政府主管部门制定的相关技术规范、规程及政策规定等。

⑤上级主管部门对该项目批准的各种文件。

⑥可行性研究报告、初步设计文件及批复文件。

11.1.4 风景园林工程项目竣工验收程序

为了保证风景园林工程项目竣工验收工作的顺利进行，通常按图11-1所示程序进行竣工验收。

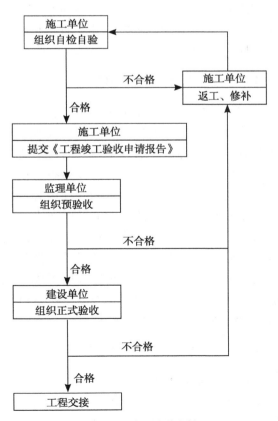

图11-1 竣工验收程序

11.1.4.1 施工单位组织自检自验

施工单位依据制订的项目竣工计划，在确认已按照工程承包施工合同完成全部项目施工，已具备申请竣工验收条件的情况下，应先组织内部自检工作，以确保能够及时发现问题并进行整改，不影响竣工验收的后续工作。按照项目工程的规模及承包形式，风景园林工程竣工验收自检的一般形式如下：

①若项目是施工单位独立承包的，竣工自检应由项目经理部组织各专业技术负责人依照法律对工程施工质量、技术资料等方面的要求进行检查核对，做好质量评定记录和自检报告。

②若项目实行总分包模式管理，各分包人与总包人在法律上承担质量连带责任，应先由分包人组织内部对分包工程进行自检，做好自检报告并连同全部施工技术资料提交总包人复检验收。

11.1.4.2 施工单位提交验收申请报告

当施工单位完成自检程序后，应向监理单位提交《工程竣工验收申请报告》，由监理单位组织竣工预验收，审查项目是否符合正式竣工验收条件。

11.1.4.3 监理单位组织预验收

监理单位应根据验收法律、法规、设计文件和施工合同的规定对项目工程进行预验收。总监理工程师应组织各专业监理工程师对竣工资料进行审查，对工程实体质量进行逐项检查，确认是否已完成工程设计和合同约定的各项内容，是否达到竣工标准，对存在的问题应及时要求施工单位进行整改。当确认工程质量符合法律、法规和工程建设强制性标准规定，符合设计文件和合同要求后，监理单位应按有关规定在施工单位的质量验收记录和试验、检测资料表上签字认可，并签署质量评估报告，提交建设单位。

11.1.4.4 建设单位组织正式验收

（1）竣工验收组织

建设单位负责工程项目竣工验收，质量监督机构对工程项目竣工验收实施监督。

当建设单位收到勘察、设计、施工、监理等质量合格证明，即《勘察、设计单位工程竣工质量检查报告》《施工单位工程竣工质量验收报告》《监理单位工程质量评估报告》，工程具备竣工验收条件后，组织成立竣工验收小组，制定验收方案，向质量监督机构提交《建设单位竣工验收通知单》；质量监督机构审查验收组成员资质、验收内容、竣工验收条件；经审查合格，建设单位向质量监督机构申领《建设工程竣工验收备案表》《建设工程竣工验收报告》，确定竣工验收时间。

（2）竣工验收人员

由建设单位负责组建竣工验收小组。竣工验收小组组长由建设单位法人代表或其委托的负责人担任。成员由建设单位该项目负责人、现场管理人员及勘察、设计、施工、监理单位成员组成，也可邀请有关专家加入验收小组。

（3）竣工验收的实施

①由竣工验收组组长主持竣工验收工作。

②建设、施工、监理、勘察、设计单位分别汇报工程项目建设质量状况、合同履约，以及执行国家法律、法规和工程建设强制性标准情况。

③实地查验工程实体质量情况，检查施工单位提供的竣工验收档案资料。

④对竣工验收情况进行汇总讨论，并听取质量监督机构对该工程质量监督情况。

⑤形成竣工验收意见，填写《单位工程质量竣工验收记录》中的综合验收结论，填写《工程竣工验收备案表》《建设工程竣工验收报告》，验收小组成员签字，建设单位盖章。

⑥当竣工验收过程中发现严重问题，达不到竣工验收标准时，验收小组责成责任单位整改，并宣布本次竣工验收无效，重新确定时间组织竣工验收。

⑦当竣工验收过程中发现一般需整改的质量问题，验收小组可形成初步意见，填写有关表格，有关人员签字，但需整改完毕并经建设单位复查合格，加盖建设单位公章。

⑧建设单位竣工验收结论必须明确是否符合国家质量标准，是否同意使用。

11.2 风景园林工程项目竣工结算与决算

11.2.1 风景园林工程项目竣工结算

11.2.1.1 竣工结算方式

根据《建设工程价款结算暂行办法》的规定，发、承包双方依据承包合同的约定进行工程预付款、工程进度款、工程竣工价款结算。工程价款的结算方式主要有以下两种。

(1) 按月结算与支付

按月结算与支付是指实行按月支付进度款，竣工后清算的办法。合同工期在两个年度以上的工程，在年终进行工程盘点，办理年度结算。

(2) 分段结算与支付

分段结算与支付是指当年开工、当年不能竣工的工程按照工程形象进度，划分不同阶段支付工程进度款。

除上述两种主要方式外，双方还可以约定其他结算方式。

11.2.1.2 价款支付

(1) 工程预付款

工程预付款是发包人为解决承包人在施工准备阶段资金周转问题提供的协助。此预付款是施工企业为该承包工程项目储备主要材料、结构件所需的流动资金。

按照《建设工程价款结算暂行办法》的规定，发包人应在双方签订合同后的一个月内或不迟于约定的开工日期前的7d内预付工程款。发包人根据工程的特点、工期长短、市场行情等因素，招标时在合同条件中约定工程预付款的百分比，包工包料工程的预付款支付比例不得低于签约合同价（扣除暂列金额）的10%，不宜高于签约合同价（扣除暂列金额）的30%。

发包人拨付给承包人的工程预付款属于预支性质。工程实施后，随着工程所需主要材料储备的逐步减少，应以抵充工程价款的方式陆续扣回，抵扣方式必须在合同中约定。扣款的方法有以下两种。

①可以从未施工工程尚需的主要材料及构件的价值相当于工程预付款数额时起扣，从每次结算工程价款中，按材料比重抵扣工程价款，竣工前全部扣清。

$$T = P - \frac{M}{N}$$

式中，T 为起扣点，即工程预付款开始扣回时累计完成工作量金额；M 为工程预付款限额；N 为主要材料及构件所占比重；P 为承包工程价款总额。

②发、承包双方可在专用条款中约定不同的扣回方法。如《园林绿化工程施工招标示范文本》中规定，在承包人完成金额累计达到合同总价的10%后，由承包人开始向发包人还款，发包人从每次应付给承包人的金额中扣回工程预付款，发包人至少在合同规定的完工期前3个月将工程预付款的总计金额按逐次分摊的办法扣回。

(2) 工程进度款

①已完工程量的计量

综合单价子目的计量　已标价工程量清单中的单价子目工程量为估算工程量。若发现工程量清单中出现漏项、工程量计算偏差，以及工程变更引起的工程量增减，应在工程进度款支付时调整，结算工程量是承包人在履行合同义务过程中实际完成，并按合同约定的计量方法进行计量的工程量。

总价包干子目的计量　总价包干子目的计量和支付应以总价为基础，不因市场行情变化引起的价格调整而进行调整。承包人实际完成的工程量是进行工程进度款支付的依据。承包人在合同约定的每个计量周期内，对已完成的工程进行计量，并提交专用条款约定的合同总价支付分解表所表示的阶段性或分项计量的支持性资料，以及所达到工程形象目标或分阶段需完成的工程量和有关计量资料。

②已完工程量复核　发、承包双方按照工程承包合同的约定进行工程量复核，将发包人认可

的核对后的计量结果作为支付工程进度款的依据。

③承包人提交进度款支付申请　工程量经复核认可，承包人应在每个付款周期末，向发包人递交进度款支付申请，并附相应的证明文件。除合同另有约定外，进度款支付申请应包括下列内容：本期已实施工程的价款、累计已完成的工程价款、累计已支付的工程价款、本周期已完成计日工金额、应增加和扣减的变更金额、应增加和扣减的索赔金额、应抵扣的工程预付款、应扣减的质量保证金、根据合同应增加和扣减的其他金额、本付款周期实际应支付的工程价款。

(3) 质量保证金

《建设工程质量保证金管理办法》规定，质量保证金是指发、承包双方在工程承包合同中约定，从应付的工程款中预留，用以保证承包人在缺陷责任期内对建设工程出现的缺陷进行维修的资金。质量保证金总预留比例不得高于工程价款结算总额的3%。

缺陷责任期从工程实际竣工之日起计算，缺陷责任期一般为1年，最长不超过2年，由发、承包双方在合同中约定。缺陷责任期内，由承包人原因造成的缺陷，承包人应负责维修，并承担鉴定及维修费用；如承包人不维修也不承担费用，发包人可按合同约定从质量保证金扣除，费用超出质量保证金额的，发包人可按合同约定向承包人进行索赔；承包人维修并承担相应费用后，不免除对工程的损失赔偿责任；由他人及不可抗力原因造成的缺陷，发包人负责组织维修，承包人不承担费用，且发包人不得从质量保证金中扣除费用。

缺陷责任期内，承包人认真履行合同约定的责任，到期后，承包人向发包人申请返还质量保证金。

11.2.1.3　竣工结算编制

在采用工程量清单计价的方式下，工程竣工结算的编制应包括工程量清单计价表所包含的各项费用内容。

(1) 分部（分项）工程费

分部（分项）工程费应依据双方确认的工程量、合同约定的综合单价计算，如发生调整的，发、承包双方确认调整的综合单价计算。

(2) 措施项目费

措施项目费的计算应遵循以下原则：

①采用综合单价计价的措施项目，应依据发、承包双方确认的工程量和综合单价计算。

②明确采用"项"计价的措施项目，应依据合同约定的措施项目和金额或发、承包双方确认调整后的措施项目费金额计算。

③措施项目费中的安全文明施工费应按照国家或省级、行业建设主管部门的规定计算。

(3) 其他项目费

其他项目费应按以下规定计算：

①计日工的费用应按发包人实际签证确认的数量和合同约定的相应项目综合单价计算。

②暂估价中的材料单价应按发、承包双方最终确认价在综合单价中调整；专业工程暂估价应按中标价或发、承包双方最终确认价计算。

③总承包服务费应依据合同约定金额计算，如发生调整，以发、承包双方确认调整的金额计算。

④暂列金额应减去工程价款调整与索赔、现场签证金额计算，如有余额归发包人。

(4) 规费和税金

规费和税金应按照国家、省级或行业建设主管部门对规费和税金的计取标准计算。

11.2.2　风景园林工程项目竣工决算

按照财政部、国家发展改革委和住建部的有关文件规定，竣工决算由竣工财务决算说明书、竣工财务决算报表、工程竣工图和竣工造价对比分析4个部分组成。其中，竣工财务决算说明书和竣工财务决算报表两部分又称建设项目竣工财务决算，是竣工决算的核心内容。

11.2.2.1　竣工财务决算说明书

竣工财务决算说明书主要反映竣工工程建设成果和经验，是对竣工决算报表进行分析和补充说明的文件，是全面考核分析工程投资的书面总结，是竣工决算报告的重要组成部分。

11.2.2.2 竣工财务决算报表

建设项目竣工财务决算报表包括封面、基本建设项目概况表、基本建设项目竣工财务决算表、基本建设项目资金情况明细表、基本建设项目交付使用资产总表、基本建设项目交付使用资产明细表、待摊投资明细表、待核销基建支出明细表、转出投资明细表等。

11.2.2.3 工程竣工图

①凡按图竣工没有变动的，由施工单位在原施工图上加盖"竣工图"图章后作为竣工图。

②凡在施工过程中，虽有一般性设计变更，但能将原施工图加以修改补充作为竣工图的，可不重新绘制，由施工单位负责在原施工图上注明修改的部分，并附以设计变更通知单和施工说明，加盖"竣工图"图章后作为竣工图。

③凡结构形式改变、施工工艺改变、平面布置改变、项目改变，以及有其他重大改变，不宜再在原施工图上修改、补充时，应重新绘制改变后的竣工图。由于原设计原因造成的，由设计单位负责重新绘制；由于施工原因造成的，由施工单位负责重新绘制；由于其他原因造成的，由建设单位自行绘制或委托设计单位绘制。施工单位负责在新图上加盖"竣工图"图章，并附以有关记录和说明，作为竣工图。

④为了满足竣工验收和竣工决算需要，还应绘制反映竣工工程全部内容的工程设计平面示意图。

11.2.2.4 竣工造价对比分析

在分析时，可先对比整个项目的总概算，然后将建筑安装工程费、设备与工器具购置费和其他工程费用，逐一与竣工决算表中所提供的实际数据和相关资料及批准的概算、预算指标、实际的工程造价进行对比分析，以确定竣工项目总造价是节约还是超支，并在对比的基础上，总结先进经验，找出节约和超支的内容和原因，提出改进措施。在实际工作中，应主要分析以下内容：

①考核主要实物工程量　对于实物工程量出入比较大的情况，必须查明原因。

②考核主要材料消耗量　按照竣工决算表中所列明的三大材料实际超概算的消耗量，查明在工程的哪个环节超出量最大，再进一步查明超概的原因。

③考核建设单位管理费、措施费和间接费的取费标准　建设单位管理费、措施费和间接费的取费标准要按照国家和各地的有关规定，根据竣工决算报表中所列的建设单位管理费与概预算所列的建设单位管理费数额进行比较，依据规定查明是否有多列或少列的费用项目，确定其节约超支的数额，并查明原因。

④主要工程子目的单价和变动情况　在工程项目的投标报价或施工合同中，项目的子目单价早已确定，但由于施工过程或设计的变化等原因，经常会出现单价变动或新增加子目单价如何确定的问题。因此，要对主要工程子目的单价进行核对，对新增子目的单价进行分析检查，如发现异常应查明原因。

11.3 风景园林工程项目竣工后管理

11.3.1 风景园林工程质量保修

风景园林工程质量保修是指施工单位完成风景园林工程竣工验收后，对在保修期内出现的质量不符合工程建设强制性标准以及合同约定等质量缺陷，予以修复。

11.3.1.1 保修期限

在正常使用条件下，风景园林工程的保修期应从工程竣工验收合格之日起计算，其最低保修期限为：

①基础设施工程、园林建筑地基工程和园林建筑工程，为设计文件规定的该工程的合理使用年限。

②绿化工程为2年。
③屋面防水工程、有防水要求的卫生间、外墙面的防渗漏工程为5年。
④供热与供冷系统为2个采暖期、供冷期。
⑤电气管线、给排水管道、设备安装和装修工程为2年。

11.3.1.2 保修范围及经济责任

①施工单位未按国家有关规范、标准和设计要求施工造成的质量缺陷，由施工单位承担经济责任。

②因苗木材料、建筑材料、构配件和设备质量不合格引起的缺陷，属于施工单位采购的或经其验收同意的，由施工单位承担经济责任；属于建设单位采购的，由建设单位承担经济责任。

③因使用单位使用不当造成的质量缺陷，由使用单位自行负责。

11.3.2 风景园林工程回访

风景园林工程的回访方式一般有三种（祁鹏 等，2022）：

①季节性回访　大多数是雨季回访园路、广场是否积水，屋顶绿化是否漏水，绿地排水是否通畅，景观建筑物的屋面与构筑物墙面的防水情况。如发现问题，采取有效措施及时加以解决。

②技术性的回访　主要了解在工程施工过程中所采用的新材料、新技术、新工艺、新设备等的技术性能和使用后的效果，发现问题及时加以补救和解决。这种回访既可定期进行，也可以不定期进行。

③保修期满前的回访　一般是在保修期即将结束之前进行回访，既可以解决问题，又标志着保修期即将结束。

思考题

1. 简述风景园林工程项目竣工验收依据。
2. 简述风景园林工程项目竣工验收程序。
3. 简述风景园林工程项目竣工结算方式。
4. 简述风景园林工程项目价款支付内容。
5. 简述风景园林工程项目竣工决算构成。

推荐阅读书目

1. 工程竣工验收及交付. 李红立，卢强主编. 天津大学出版社，2019.
2. 建筑工程竣工验收与资料管理. 宋岩丽，苟慧霞主编. 西安电子科技大学出版社，2018.

拓展阅读

项目后评价

工程项目竣工验收交付使用，只是工程建设完成的标志，而不是工程项目管理的终结。项目后评价是工程项目实施阶段管理的延伸，是将工程项目建成投产后所取得的实际效果、经济效益、社会效益和环境保护等情况与前期决策阶段的预测情况进行对比，与项目建设前的情况进行对比，从中发现问题，总结经验和教训，提高未来新项目的管理水平（夏立明，2020）。经过多年的发展，项目后评价工作在中央企业投资项目、基础设施建设项目、公益项目等领域广泛开展，各个领域的专家学者结合实际情况，参照相关的后评价理论和后评价体系，充分参考国际上的后评价工作方法和标准，初步形成符合我国国情的后评价体系，颁布了适用于中央企业的后评价管理规定，许多中央大型企业内部也都设立了投资项目后评价工作管理的兼职和专职机构，编制行业或企业投资项目后评价实施细则和操作规程。

参考文献

操英南，项玉红，徐一斐，2019. 园林工程施工管理 [M]. 北京：中国林业出版社.

陈光宇，2020. 工程项目管理 [M]. 成都：电子科技大学出版社.

方宝璋，2017. 宋代经济管理思想及其当代价值研究 [M]. 北京：经济日报出版社.

方洪涛，宋丽，2020. 工程项目招投标与合同管理 [M]. 3版. 北京：北京理工大学出版社.

高洁，2021. 工程造价管理 [M]. 2版. 武汉：武汉理工大学出版社.

高敏，白艳鸥，2023. 诗意园林园博园 [N]. 邢台日报.

韩少男，2019. 工程项目管理 [M]. 北京：北京理工大学出版社.

何清华，杨德磊，2019. 项目管理 [M]. 2版. 上海：同济大学出版社.

胡鹏，郭庆军，2017. 工程项目管理 [M]. 北京：北京理工大学出版社.

胡自军，周军，闫明旭，2022. 园林工程施工管理 [M]. 2版. 北京：中国林业出版社.

黄凯，周玉新，冷冬兵，2019. 园林管理学 [M]. 2版. 北京：中国林业出版社.

鞠航，田金信，2022. 建设项目管理 [M]. 4版. 北京：高等教育出版社.

孔庆东，2018. 梦溪笔谈 [M]. 沈括，著. 长春：吉林文史出版社.

雷凌华，2018. 风景园林工程项目管理 [M]. 北京：中国建筑工业出版社.

李敖，2016. 古玉图考·营造法式·开工开物 [M]. 天津：天津古籍出版社.

梁鸿颉，赵霞，王斌，2020. 工程项目管理 [M]. 北京：机械工业出版社.

林箐，张晋石，薛晓飞，等，2020. 风景园林学原理 [M]. 北京：中国林业出版社.

林雪萍，2022. 质量简史 [M]. 上海：上海交通大学出版社.

刘福知，孙晓刚，2013. 园林建筑设计 [M]. 3版. 重庆：重庆大学出版社.

刘珊，2013. 苏州园林 [M]. 南京：译林出版社.

刘树红，王岩，2021. 建设工程招投标与合同管理 [M]. 2版. 北京：北京理工大学出版社.

刘晓丽，2018. 建筑工程项目管理 [M]. 2版. 北京：北京理工大学出版社.

骆汉宾，2021. 数字建造项目管理概论 [M]. 北京：机械工业出版社.

潘天阳，2021. 园林工程施工组织与设计 [M]. 北京：中国纺织出版社.

庞业涛，文真，2020. 建设工程招投标与合同管理 [M]. 成都：西南交通大学出版社.

蒲娟，徐畅，刘雪敏，2020. 建筑工程施工与项目管理分析探索 [M]. 长春：吉林科学技术出版社.

齐宝库，2022. 工程项目管理 [M]. 6版. 大连：大连理工大学出版社.

祁鹏，唐亚男，刘梦茹，2022. 园林工程施工组织与管理 [M]. 北京：北京理工大学出版社.

裘建娜，赵秀云，2020. 建设工程项目管理 [M]. 北京：中国铁道出版社.

沈中友，余嘉，2022. 工程招投标与合同管理 [M]. 4版. 武汉：武汉理工大学出版社.

汪辉，2022. 园林规划设计 [M]. 南京：东南大学出版社.

吴丹，2022. 技术经济学 [M]. 2版. 南京：河海大学出版社.

吴晓微，王学俊，2014. 管理学基础 [M]. 北京：北京理工大学出版社.

夏立明，2020. 建设工程造价管理基础知识 [M]. 北京：中国计划出版社.

徐斌，2021. 制度的力量 [M]. 北京：中国青年出版社.

参考文献

徐水太，2022. 建设工程招投标与合同管理 [M]. 北京：机械工业出版社．

徐永清，2021. 长城简史 [M]. 北京：商务印书馆．

杨琳，陈晓华，杨海红，2021. 国际工程项目计划与控制 [M]. 武汉：华中科学技术大学出版社．

杨晓林，2021. 工程项目管理 [M]. 北京：机械工业出版社．

姚亚锋，张蓓，2020. 建筑工程项目管理 [M]. 北京：北京理工大学出版社．

张飞涟，2015. 建设工程项目管理 [M]. 武汉：武汉大学出版社．

张建平，董自才，2021. 工程造价专业概论 [M]. 2版．成都：西南交通大学出版社．

张建新，2022. 工程项目管理学 [M]. 5版．大连：东北财经大学出版社．

张晓君，2017. 涉外工程承包法律实务 [M]. 厦门：厦门大学出版社．

中共湖州市委党史研究室，2020. 湖州市"两山"实践文献选编 [M]. 杭州：浙江人民出版社．

中华建筑文化中心，2007. 休闲娱乐景观 [M]. 武汉：华中科技大学出版社．

朱薇，陈晋，2022. 你是这样的人：精神谱系的故事 [M]. 北京：新星出版社．